Klassenstufen 5 und 6

Donnerstag, 19. März 2015 Arbeitszeit: 75 Minuten

1. Von den jeweils 5 Antworten ist genau eine richtig.
2. Jede Teilnehmerin und jeder Teilnehmer bekommt zu Beginn 24 Punkte. Bei einer richtigen Antwort werden die dafür vorgesehenen 3, 4 oder 5 Punkte hinzuaddiert. Wird keine Antwort gegeben, gibt es 0 Punkte. Bei einer falschen Antwort werden 3/4, 4/4 oder 5/4 Punkte abgezogen. Die höchste zu erreichende Punktzahl ist 120, die niedrigste 0.
3. Taschenrechner sind nicht zugelassen.

3-Punkte-Aufgaben

A1 $2 \cdot 2 + 0 \cdot 0 + 1 \cdot 1 + 5 \cdot 5 =$
 (A) 25 (B) 30 (C) 56 (D) 205 (E) 2015

A2 Bei wie vielen Figuren ist der gestreifte Teil der Fläche genauso groß wie der weiße Teil?

(A) 0 (B) 3 (C) 4 (D) 5 (E) 6

A3 Ein großes Rechteck ist aus vier gleichen Rechtecken zusammengesetzt. Wie lang ist die lange Seite des großen Rechtecks?

(A) 3 cm (B) 4 cm (C) 5 cm (D) 6 cm (E) 7 cm

A4 Ich multipliziere zwei einstellige Zahlen und erhalte das Ergebnis 35. Wie groß ist die Summe der beiden einstelligen Zahlen?

(A) 12 (B) 13 (C) 14 (D) 15 (E) 16

A5 Zum Geburtstag hat Heinrich einen neuen Regenschirm bekommen. Obendrauf steht sein Name. Welches Bild zeigt Heinrichs Regenschirm?

(A) (B) (C) (D) (E)

A6 Meine Großeltern haben 2 Sorten Hühner: 5 braune und 5 weiße. In den letzten 10 Tagen hat jedes braune Huhn täglich ein Ei gelegt, jedes weiße aber nur jeden zweiten Tag. Wie viele Eier haben die 10 Hühner in den 10 Tagen insgesamt gelegt?

(A) 75 (B) 72 (C) 70 (D) 65 (E) 60

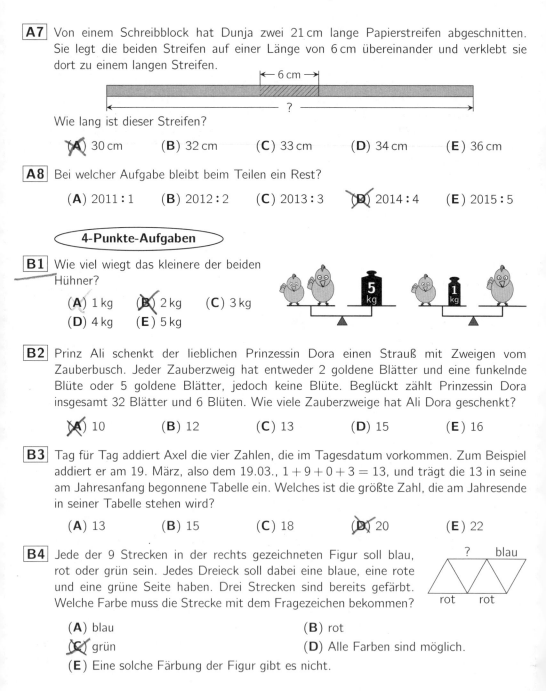

A7 Von einem Schreibblock hat Dunja zwei 21 cm lange Papierstreifen abgeschnitten. Sie legt die beiden Streifen auf einer Länge von 6 cm übereinander und verklebt sie dort zu einem langen Streifen.

Wie lang ist dieser Streifen?

(A) 30 cm (B) 32 cm (C) 33 cm (D) 34 cm (E) 36 cm

A8 Bei welcher Aufgabe bleibt beim Teilen ein Rest?

(A) 2011 : 1 (B) 2012 : 2 (C) 2013 : 3 (D) 2014 : 4 (E) 2015 : 5

4-Punkte-Aufgaben

B1 Wie viel wiegt das kleinere der beiden Hühner?

(A) 1 kg (B) 2 kg (C) 3 kg
(D) 4 kg (E) 5 kg

B2 Prinz Ali schenkt der lieblichen Prinzessin Dora einen Strauß mit Zweigen vom Zauberbusch. Jeder Zauberzweig hat entweder 2 goldene Blätter und eine funkelnde Blüte oder 5 goldene Blätter, jedoch keine Blüte. Beglückt zählt Prinzessin Dora insgesamt 32 Blätter und 6 Blüten. Wie viele Zauberzweige hat Ali Dora geschenkt?

(A) 10 (B) 12 (C) 13 (D) 15 (E) 16

B3 Tag für Tag addiert Axel die vier Zahlen, die im Tagesdatum vorkommen. Zum Beispiel addiert er am 19. März, also dem 19.03., $1 + 9 + 0 + 3 = 13$, und trägt die 13 in seine am Jahresanfang begonnene Tabelle ein. Welches ist die größte Zahl, die am Jahresende in seiner Tabelle stehen wird?

(A) 13 (B) 15 (C) 18 (D) 20 (E) 22

B4 Jede der 9 Strecken in der rechts gezeichneten Figur soll blau, rot oder grün sein. Jedes Dreieck soll dabei eine blaue, eine rote und eine grüne Seite haben. Drei Strecken sind bereits gefärbt. Welche Farbe muss die Strecke mit dem Fragezeichen bekommen?

(A) blau (B) rot
(C) grün (D) Alle Farben sind möglich.
(E) Eine solche Färbung der Figur gibt es nicht.

Känguru 2015 — Klassenstufen 5 und 6

B5 Henry legt aus 12 Quadraten mit der Seitenlänge 1 cm ein Rechteck ohne Lücken. Dann addiert er die Längen der vier Seiten seines Rechtecks und erhält als Ergebnis eine der folgenden Längenangaben. Welche?

(A) 12 cm (B) 14 cm (C) 15 cm (D) 18 cm (E) 20 cm

B6 Auf jedes der 9 Felder ihres Spielfeldes hat Eva eine Figur gestellt (siehe Bild). Sie tauscht solange jeweils zwei Figuren miteinander, bis keine gleichen Figuren mehr nebeneinander stehen, weder waagerecht noch senkrecht. Wie oft muss Eva mindestens tauschen?

(A) einmal (B) zweimal (C) dreimal (D) viermal (E) fünfmal

B7 Lotte hat an der Tafel 6 quadratische Magnete wie im Bild zusammengeschoben. Jeder Magnet hat eine Seitenlänge von 2 cm. Mit Kreide zieht Lotte säuberlich den Rand der Figur nach. Wie lang ist dieser Rand?

(A) 20 cm (B) 21 cm (C) 23 cm (D) 24 cm (E) 28 cm

B8 Ramses will fünf Pyramiden bauen. Für jede Pyramide will er ein anderes Netz zeichnen. Vier Netze sind ihm gelungen, eine Zeichnung ist jedoch kein Netz für eine Pyramide. Welche?

(A) (B) (C) (D) (E)

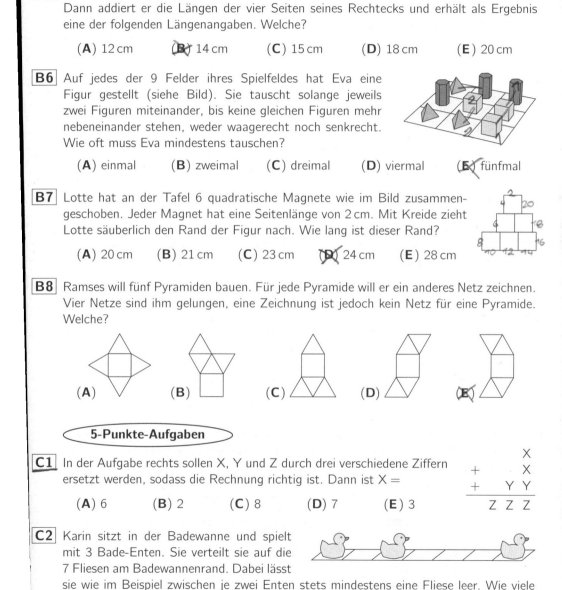

5-Punkte-Aufgaben

C1 In der Aufgabe rechts sollen X, Y und Z durch drei verschiedene Ziffern ersetzt werden, sodass die Rechnung richtig ist. Dann ist X =

(A) 6 (B) 2 (C) 8 (D) 7 (E) 3

```
    X
+   X
+ Y Y
-----
Z Z Z
```

C2 Karin sitzt in der Badewanne und spielt mit 3 Bade-Enten. Sie verteilt sie auf die 7 Fliesen am Badewannenrand. Dabei lässt sie wie im Beispiel zwischen je zwei Enten stets mindestens eine Fliese leer. Wie viele Möglichkeiten hat Karin, die 3 Enten auf diese Weise auf die 7 Fliesen zu verteilen?

(A) 6 (B) 8 (C) 10 (D) 11 (E) 13

C3 Raphael multipliziert die Zahl 100 entweder mit 2 oder mit 3. Zu dem Produkt, das er dabei erhält, addiert er entweder 1 oder 2. Die entstandene Summe teilt er entweder durch 3 oder durch 4. Raphael verrät uns, dass das Ergebnis eine ganze Zahl ist. Welche?

(A) 50　　　(B) 51　　　(C) 67　　　(D) 77　　　(E) 101

C4 Fabian möchte einen Würfel aus Papier falten. Beim Aufzeichnen des Netzes hat er sich geirrt und 7 Quadrate gezeichnet anstatt 6. Welches Quadrat kann er wegschneiden, sodass ein Würfelnetz entsteht?

	1	2	3
4	5	6	
	7		

(A) nur 4　　　(B) nur 7　　　(C) nur 3 oder 4
(D) nur 3 oder 7　　　(E) nur 3, 4 oder 7

C5 Auf dem Markt haben wir Fingerpuppen für ein Puppenspiel gekauft. Es sind 8 Jungspuppen, davon 3 mit roten und 5 mit gelben Locken, sowie 9 Mädchenpuppen, davon 7 mit roten und 2 mit gelben Zöpfen. Wie viele von den Puppen müsste ich – ohne hinzuschauen – aus der Tüte nehmen, um sicher zu sein, dass ich eine Jungspuppe und eine Mädchenpuppe mit gleicher Haarfarbe erwische?

(A) 13　　　(B) 11　　　(C) 9　　　(D) 8　　　(E) 6

C6 Ich habe einen Würfel der Seitenlänge 4 cm aus kleinen Würfeln der Seitenlänge 1 cm zusammengeklebt. Ich streiche 3 Seiten des großen Würfels rot und die anderen 3 Seiten blau. Als ich fertig bin, merke ich, dass es keinen kleinen Würfel mit 3 roten Seiten gibt. Wie viele der kleinen Würfel haben sowohl rote als auch blaue Seiten?

(A) 8　　　(B) 12　　　(C) 18　　　(D) 24　　　(E) 32

C7 Nina und Leonie starten beim Berlin-Marathon beide mit einer dreistelligen Startnummer, ihre Schwester Jasmin mit einer vierstelligen. Ihr kleiner Bruder Benni entdeckt, dass in den drei Startnummern alle Ziffern von 0 bis 9 genau einmal vorkommen. Er multipliziert die Ziffern der Startnummern und erhält für Nina 0, für Leonie 90 und für Jasmin 72. Wie groß ist die Summe der Ziffern von Ninas Startnummer?

(A) 9　　　(B) 10　　　(C) 12　　　(D) 14　　　(E) 15

C8 Auf einer Geraden sind vier Punkte markiert. Die Abstände zwischen je zwei dieser vier Punkte sind (in cm gemessen) der Größe nach geordnet: 2, 3, n, 11, 12, 14. Für welche Zahl steht n?

(A) 5　　　(B) 6　　　(C) 7　　　(D) 8　　　(E) 9

Beim Wettbewerb

Känguru der Mathematik 2015

hat

Greta Yakira Deller

Klasse 06C

Franziskaner-Gymnasium Kreuzburg

Großkrotzenburg

45,75 Punkte
in der Klassenstufe 6
erreicht

Berlin, im April 2015

h. Noack
Jury

Klassenstufen 3 und 4

1. Was ist das Ergebnis der Rechenaufgabe mit den Ziffern der Jahreszahl?

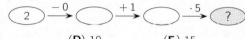

(**A**) 6   (**B**) 7   (**C**) 8   (**D**) 10   (**E**) 15

Lösung: Wir tragen die Zwischenergebnisse in die kleinen Ellipsen ein und erhalten:

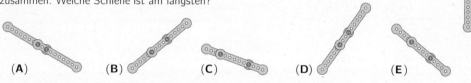

2. Hanna hat 10 gleiche Leisten mit je 10 Löchern. Sie schraubt immer 2 Leisten zu einer Schiene zusammen. Welche Schiene ist am längsten?

(**A**)   (**B**)   (**C**)   (**D**)   (**E**)

Lösung: Da sich bei Schiene (**A**) nur 3 der 10 Löcher überlappen, weniger als bei den anderen Schienen, ist Schiene (**A**) die längste.

3. Oma Anita strickt jedem ihrer 3 Enkelsöhne ein Paar grüne Socken und jeder ihrer 4 Enkeltöchter ein Paar gelbe Socken. Wie viele Socken strickt sie insgesamt?

(**A**) 14   (**B**) 15   (**C**) 16   (**D**) 17   (**E**) 18

Lösung: Oma Anita hat $3 \cdot 2 = 6$ grüne Socken und $4 \cdot 2 = 8$ gelbe Socken gestrickt. Das sind insgesamt $6 + 8 = 14$ Socken.

Die umgekehrte Frage nach der Anzahl der Enkel ist in Aufgabe 3 in Klassenstufe 7/8 gestellt.

4. Auf meinem Regenschirm steht obendrauf EMILIA.
Welches Bild zeigt meinen Regenschirm?

(**A**)   (**B**)   (**C**)   (**D**)   (**E**)

Lösung: Nur auf dem Regenschirm (**B**) kann obendrauf EMILIA stehen. Bei allen anderen stimmt irgendetwas nicht. Zum Beispiel steht bei Schirm (**A**) das A falsch herum. Bei Schirm (**C**) hat sich ein X dazugeschummelt und bei Schirm (**D**) ein zweites E. Bei Schirm (**E**) sind fälschlicherweise A und M benachbart.

5. Zur Fütterung im Tierpark stehen die 7 Pinguine im Kreis um Tierpfleger Ede. Ede verteilt im Uhrzeigersinn 25 Fische, jeweils einen, bis alle Fische verteilt sind. Wie viele Pinguine haben mehr als 3 Fische bekommen?

(**A**) keiner   (**B**) einer   (**C**) zwei   (**D**) vier   (**E**) sechs

Lösung: Nachdem jeder 7 Pinguine 3 Fische bekommen hat, sind noch $25 - 7 \cdot 3 = 4$ Fische im Eimer. Also erhalten 4 Pinguine mehr als 3 Fische.

6. Durch welche Zahlen müssen das Dreieck und das Quadrat ersetzt werden, damit ▲ $+ 4 = 7$ und ■ $+$ ▲ $= 9$ gilt?

(**A**) 3 und 1   (**B**) 1 und 8   (**C**) 3 und 6   (**D**) 3 und 7   (**E**) 2 und 7

Lösung: Aus der ersten Gleichung folgt, dass das Dreieck durch die Differenz aus 7 und 4 ersetzt werden muss, also durch 3. Aus der zweiten Gleichung folgt dann, dass das Quadrat durch die Differenz aus 9 und 3 ersetzt werden muss, also durch 6. Die gesuchten Zahlen sind 3 und 6.

7. Mario hat 9 Punkte auf einem Kreis markiert. Er verbindet fortlaufend jeden 2. Punkt (siehe Bild rechts), bis er wieder am Startpunkt ankommt. Wie sieht Marios Zeichnung aus?

(**A**)   (**B**)   (**C**)   (**D**)   (**E**)

Lösung: Mario hat die Zeichnung bei (**E**) angefertigt. Bei den vier anderen Zeichnungen ist in keinem Fall fortlaufend jeder 2. Punkt verbunden worden. Bei (**A**) und bei (**B**) gibt es Verbindungen von unmittelbar aufeinander folgenden Punkten und bei (**C**) und (**D**) gibt es Verbindungen zum 3. Punkt, statt zum 2. Punkt.

8. Tabea multipliziert zwei einstellige Zahlen. Das Ergebnis ist 15. Wie groß ist die Summe der beiden einstelligen Zahlen?

(**A**) 2   (**B**) 4   (**C**) 5   (**D**) 7   (**E**) 8

Lösung: Die Zahl 15 lässt sich nur auf zwei Weisen als Produkt von zwei Zahlen schreiben: $15 = 1 \cdot 15 = 3 \cdot 5$. Nur bei der zweiten Zerlegung sind beide Faktoren einstellig. Die gesuchte Summe ist $3 + 5 = 8$.
Dasselbe Problem, allerdings mit dem Produkt 35, ist in Aufgabe 4 in Klassenstufe 5/6 gestellt.

9. Als Ben zu Luis in die Werkstatt kommt, hat Luis 2 Schrauben und 7 Muttern in der Hand. Er gibt Ben 2 der Muttern. Ben reicht Luis einige Schrauben. Jetzt hat Luis genauso viele Schrauben wie Muttern in der Hand. Wie viele Schrauben hat Luis von Ben bekommen?

(**A**) 3   (**B**) 4   (**C**) 5   (**D**) 6   (**E**) 7

Lösung: Nachdem Ben von Luis 2 Muttern erhalten hat, besitzt Luis noch $7 - 2 = 5$ Muttern. Nachdem Luis von Ben Schrauben bekommen hat, besitzt Luis davon genauso viele wie er jetzt Muttern hat, also 5. Folglich hat ihm Ben $5 - 2 = 3$ Schrauben gegeben.

Klassenstufen 3 und 4

10. Gundula zerschneidet die dick umrandete Figur rechts in kleine Dreiecke .
Wie viele kleine Dreiecke erhält sie?

(**A**) 8   (**B**) 12   (**C**) 13   (**D**) 15   (**E**) 16

Lösung: Die Zeichnung zeigt eine mögliche Zerlegung. Wir zählen die kleinen Dreiecke, es sind 15.

In jeder der Streichholz-Gleichungen ist ein Hölzchen an eine andere Stelle zu legen, sodass aus den falschen Gleichungen richtige Gleichungen werden.

Wer sehen die richtigen Gleichungen aus?

$2+9=8$ $5-9=10$ $4+5=7$

$8-2=8$ $3+4=6$ $5+2=4$ $6-3=6$

$8+5=18$ $7-1=9$ $8-8=8$

11. Maya vertauscht in der Zahl 512 zwei Ziffern, sodass sie eine möglichst kleine Zahl erhält. Frieder vertauscht in derselben Zahl 512 zwei Ziffern, sodass er eine möglichst große Zahl erhält. Wie groß ist die Differenz aus Frieders und Mayas Zahl?

(**A**) 369   (**B**) 387   (**C**) 360   (**D**) 306   (**E**) 396

Lösung: Da Maya nur 2 Ziffern vertauscht, muss sie die 1 und die 5 vertauschen. Mayas Zahl ist 152. Frieder erhält durch den Tausch der beiden Ziffern 1 und 2 sogar die größtmögliche Zahl aus den Ziffern 5, 1 und 2, nämlich 521. Die gesuchte Differenz ist $521 - 152 = 369$.

12. Im Sommercamp überlegten fünf Kinder, welcher Wochentag ist. Roman sagte: Gestern war Mittwoch. Emil sagte: Morgen ist Freitag. Ida sagte: Vorgestern war Dienstag. Bodo sagte: Übermorgen ist Sonntag. Anja sagte: Heute ist Donnerstag. Genau vier der Kinder wussten den richtigen Tag. Wer hat sich geirrt?

(**A**) Roman   (**B**) Emil   (**C**) Ida   (**D**) Bodo   (**E**) Anja

Lösung: Roman dachte, dass der Wochentag, an dem sich die fünf unterhielten, Donnerstag sei. Dasselbe dachten Emil, Ida und Anja. Bodo hingegen dachte, dass es Freitag sei. Da sich nur ein Kind geirrt hat, ist Bodo derjenige, der sich geirrt hat.

13. Pudel Suse zerrt Frau Kruse an der Leine durch den Park. Vom Tor aus jagt Suse in Pfeilrichtung los, an der ersten Kreuzung nach rechts, an der zweiten nach links, an der dritten nach rechts, an der vierten nach links. Wie viele Parkbänke stehen an Suses Weg durch den Park?

(**A**) 4   (**B**) 5   (**C**) 6   (**D**) 7   (**E**) 8

Lösung: Rechts ist der Weg von Frau Kruse und Pudel Suse gezeichnet. Wir zählen die Bänke, an denen die beiden vorbeiflitzen: Es sind 6 Bänke.

14. Mit einer 10-Cent-Münze, zwei 2-Cent-Münzen und einer 1-Cent-Münze in der Hand gehe ich zur Post. Für 7 Cent kaufe ich Briefmarken. Welche Münzen könnte ich nun insgesamt in der Hand haben?

(**A**) eine 10-Cent-Münze   (**B**) zwei 2-Cent- und drei 1-Cent-Münzen
(**C**) zwei 5-Cent-Münzen   (**D**) sechs 1-Cent-Münzen
(**E**) drei 2-Cent- und zwei 1-Cent-Münzen

Lösung: Vor dem Kauf hatte ich in meiner Hosentasche insgesamt $10 + 2 \cdot 2 + 1 = 15$ Cent. Nach dem Kauf der Briefmarken besitze ich noch 8 Cent. Nur bei (**E**) ist der Betrag der Münzen 8 Cent. Bei (**A**) und (**C**) liegt der Betrag darüber, bei (**B**) und (**D**) darunter.

15. Vom Gärtner hat mein Vater vier Primeln mitgebracht: eine gelbe, eine weiße, eine rote und eine blaue. Alle vier möchte ich nebeneinander in den Blumenkasten pflanzen. Die blaue und auch die rote Primel will ich direkt neben die gelbe pflanzen. Für die Reihenfolge der vier Primeln im Kasten gibt es mehrere Möglichkeiten. Wie viele?

(**A**) 4   (**B**) 5   (**C**) 6   (**D**) 7   (**E**) 8

Lösung: Dass im Blumenkasten sowohl die blaue als auch die rote Primel neben der gelben Primel stehen soll, bedeutet, dass diese drei Primelfarben entweder in der Reihenfolge rot–gelb–blau oder blau–gelb–rot vorkommen. Jede dieser beiden Dreiergruppen kann entweder links oder rechts von der weißen Primel im Kasten stehen. Es gibt also $2 \cdot 2 = 4$ verschiedene Möglichkeiten. Ausführlich aufgeschrieben sieht das so aus:
weiß–rot–gelb–blau oder rot–gelb–blau–weiß oder weiß–blau–gelb–rot oder blau–gelb–rot–weiß

16. Beim Frühlingsfest sind heute 10 Kinder zum Sackhüpfen gestartet. Am Abend erzählt Mesut seiner Schwester, dass doppelt so viele Kinder vor ihm über die Ziellinie gehüpft sind wie hinter ihm ins Ziel kamen. Welchen Platz belegte Mesut?

(**A**) den 8.   (**B**) den 7.   (**C**) den 6.   (**D**) den 5.   (**E**) den 4.

Lösung: Außer Mesut waren 9 Kinder beim Sackhüpfen dabei. Vor Mesut erreichten doppelt so viele das Ziel wie hinter ihm. Wir stellen uns vor, dass die 9 Kinder in 3 gleich große Gruppen aufgeteilt werden. Zwei der Gruppen sind vor Mesut ins Ziel gekommen, eine hinter ihm. Wegen $9 : 3 = 3$ sind hinter Mesut 3 Kinder ins Ziel gekommen und vor ihm 6. Mesut belegte den 7. Platz.

Klassenstufen 3 und 4

17. Tilda will einen Würfel aus Papier falten. Beim Aufzeichnen des Netzes hat sie sich geirrt und 7 Quadrate gezeichnet anstatt 6 (siehe Bild). Welches Quadrat ist überflüssig und kann weggeschnitten werden?

(**A**) 1   (**B**) 2   (**C**) 3   (**D**) 6   (**E**) 7

Lösung: Beim Zusammenfalten der gezeichneten Figur sind Quadrat 2 und Quadrat 3 beide auf derselben Würfelseite. Eines dieser Quadrate ist überflüssig. Quadrat 2 kann nicht entfernt werden, da das Netz sonst auseinanderfallen würde. Quadrat 3 kann weggeschnitten werden.

Eine ähnliche Aufgabe mit einer anderen Figur ist Aufgabe 20 in Klassenstufe 5/6.

18. Tante Luise hat 5 kleine Pfannkuchen gebraten und sie zum Servieren auf eine Platte gelegt. In welcher Reihenfolge hat sie die Pfannkuchen *ganz gewiss nicht* hingelegt?

(**A**) 3, 2, 5, 4, 1   (**B**) 5, 3, 4, 2, 1   (**C**) 3, 2, 1, 5, 4   (**D**) 5, 3, 2, 4, 1   (**E**) 3, 5, 1, 2, 4

Lösung: Damit die Anordnung der kleinen Pfannkuchen so ist wie auf Tante Luises Servierplatte, darf Pfannkuchen 1 nicht vor Pfannkuchen 2 abgelegt worden sein. Bei der Reihenfolge (**E**) wird aber Pfannkuchen 1 vor Pfannkuchen 2 abgelegt. So geht es gewiss nicht. Alle anderen Abfolgen für das Ablegen der Pfannkuchen sind möglich.

19. Auf dem Tisch liegen 3 Fäden wie im Bild rechts. 3 weitere Fäden sollen so mit diesen verknotet werden, dass ein geschlossener Faden aus allen 6 Fäden entsteht. Mit welcher der fünf Anordnungen der 3 zusätzlichen Fäden funktioniert das?

Lösung: In den Zeichnungen ist dargestellt, was beim Zusammenknoten in den einzelnen Fällen geschieht. In den Fällen (**A**), (**C**), (**D**) und (**E**) entsteht nicht nur ein einziger geschlossener Faden, sondern zwei oder drei. Nur im Fall (**B**) haben wir einen geschlossenen Faden aus allen 6 Fäden.

(**A**)   (**B**)   (**C**)   (**D**)   (**E**)

 Das Rechteck ist entlang der Linien so in acht deckungsgleiche Teile zu zerlegen, dass die Summe der Zahlen in jedem dieser Teile gleich ist.

Wer findet zwei verschiedene Zerlegungen?

4	2	6	9	8	1	4	8
2	5	4	5	1	2	7	2
9	8	3	3	4	7	8	8
4	2	6	9	6	7	2	7
5	7	5	4	5	6	5	3
6	1	8	3	1	8	3	7

20. Der abgebildete Quader besteht aus 45 gleich großen schwarzen und weißen Würfeln. Nirgendwo liegen gleichgefärbte Seitenflächen aneinander. Wie viele weiße Würfel sind in diesem Quader?

(**A**) 18 (**B**) 20 (**C**) 21 (**D**) 22 (**E**) 24

Lösung: Wir stellen uns den Quader von oben nach unten in 5 Scheiben zerlegt vor, jede Scheibe so dick wie ein kleiner Würfel. Die 1., die 3. und die 5. Scheibe sehen völlig gleich aus und bestehen jeweils aus 4 weißen und 5 schwarzen Würfeln. Bei der 2. und der 4. Scheibe sind schwarz und weiß im Vergleich zu den anderen Scheiben vertauscht, es sind also 4 schwarze und 5 weiße Würfel. Insgesamt sind im Würfel $3 \cdot 4 + 2 \cdot 5 = 22$ weiße Würfel.

21. Im Sommercamp haben Anja und Bodo fast ihr gesamtes Taschengeld für Eis ausgegeben. Pro Tag hatte jeder entweder 2 oder 3 Kugeln. Naschkatze Anja hat insgesamt 25 Kugeln gegessen, Bodo nur 19 Kugeln. Wie viele Tage waren sie im Camp?

(**A**) 7 (**B**) 9 (**C**) 11 (**D**) 12 (**E**) 13

Lösung: Da Bodo insgesamt weniger Kugeln als Anja gegessen hat, hat er häufiger als Anja nur 2 Kugeln gegessen. Bodo hat eine ungerade Zahl von Kugeln gegessen, also an mindestens einem Tag 3 Kugeln. Hätte er an den anderen Tagen stets 2 Kugeln gegessen, also an $(19 - 3) : 2 = 8$ Tagen, so wäre er insgesamt $8 + 1 = 9$ Tage im Camp gewesen. Das ist die größte Anzahl von Tagen, die Bodo im Camp gewesen sein kann.

Da Anja insgesamt mehr Kugeln als Bodo gegessen hat, hat sie häufiger als Bodo 3 Kugeln gegessen. Anjas Kugelzahl ist nicht durch 3 teilbar, sie hat an mindestens 2 Tagen nur 2 Kugeln gegessen. Hätte sie an den anderen Tagen stets 3 Kugeln gegessen, also an $(25 - 2 \cdot 2) : 3 = 7$ Tagen, so wäre sie insgesamt $7 + 2 = 9$ Tage im Camp gewesen. Das ist die kleinste Anzahl von Tagen, die Anja im Camp gewesen sein kann.

Da die größte Anzahl von Tagen, die Bodo im Camp war, mit der kleinsten Anzahl von Tagen, die Anja im Camp war, übereinstimmt, muss das Camp 9 Tage gedauert haben.

22. In die Felder des Kreuzes sind die Zahlen 2, 3, 5, 6 und 7 einzutragen. Dabei soll die Summe der drei nebeneinander stehenden Zahlen gleich der Summe der drei übereinander stehenden Zahlen sein. Welche Zahl kann dann im mittleren Kästchen mit dem Fragezeichen stehen?

(**A**) nur die 3   (**B**) nur die 5   (**C**) nur die 7
(**D**) nur die 5 oder die 7   (**E**) nur die 3, die 5 oder die 7

Lösung: Zuerst stellen wir fest, dass von den fünf Zahlen zwei gerade und drei ungerade sind. Würde eine gerade Zahl in der Mitte stehen, so wäre eine der beiden zu bildenden Summen eine gerade, die andere eine ungerade Zahl, Gleichheit also ausgeschlossen. Damit kommen nur 3, 5 und 7 für das Mittelfeld in Frage. Dass es die 3 nicht sein kann, überlegen wir uns, indem wir die möglichen Summen bilden. Mit 5 und 7 in der Mitte geht es.

23. Eric hat ein Schwein, einen Hai und ein Nashorn gemalt und zerschnitten. Kopf, Bauch und Hinterteil kann er beliebig zusammenfügen. Eric kann außer Schwein, Hai und Nashorn auch viele Phantasietiere legen. Wie viele verschiedene Tiere – tatsächliche und phantastische – sind möglich?

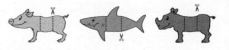

(**A**) 9 (**B**) 15 (**C**) 24 (**D**) 27 (**E**) 30

Lösung: Zuerst wählen wir den Kopf vom Schwein. Als Bauch fügen wir zuerst einmal den vom Schwein hinzu. Dann gibt es für das Hinterteil 3 Möglichkeiten. Ändern wir jetzt den Bauch, so können wir in jedem der insgesamt 3 Fälle – Schwein, Hai und Nashorn – die Hinterteile dreifach variieren. Bei festem Kopf ergibt das also 3·3 Möglichkeiten. Da es auch für den Kopf 3 Möglichkeiten gibt, erhalten wir insgesamt $3 \cdot 3 \cdot 3 = 27$ verschiedene Tiere. Diese können wir auch im Einzelnen zusammenstellen und auszählen:

24. Alma, Bela, Coco, David und Elisa haben am Wochenende für Ostern Eier bemalt. Am Samstag waren sie besonders fleißig: Alma hat 24 Eier bemalt, Bela 25, Coco 26, David 27 und Elisa 28. Eines der Kinder hat am Samstag doppelt so viele Eier bemalt wie am Sonntag, eines dreimal, eines viermal, eines fünfmal und eines sechsmal so viele. Wer war am Sonntag am fleißigsten und hat die meisten Eier bemalt?

(**A**) Alma (**B**) Bela (**C**) Coco (**D**) David (**E**) Elisa

Lösung: Das Kind, das am Samstag fünfmal so viele Eier bemalt hat wie am Sonntag, kann nur Bela sein, denn er hat am Samstag 25 Eier bemalt, seine Zahl ist als einzige durch 5 teilbar. Bela hat am Sonntag 25 : 5 = 5 Eier bemalt. Das Kind, das am Samstag sechsmal so viele Eier wie am Sonntag bemalt hat, kann mit der analogen Begründung nur Alma gewesen sein, denn nur 24 ist durch 6 teilbar. Alma hat am Sonntag 24 : 6 = 4 Eier bemalt. Von den verbleibenden Zahlen ist nur 28 durch 4 teilbar. Folglich hat Elisa am Sonntag 28 : 4 = 7 Eier bemalt. Von den verbleibenden Zahlen ist nur 27 durch 3 teilbar. Also muss es David sein, der am Samstag dreimal so viele Eier bemalt hat wie am Sonntag. David hat am Sonntag 27 : 3 = 9 Eier bemalt. Schließlich hat Coco am Samstag doppelt so viele Eier wie am Sonntag bemalt, nämlich 26. Am Sonntag war sie aber besonders fleißig und hat 26 : 2 = 13 Eier bemalt. Das ist die größte Sonntagseierzahl.

Alle meine Entchen

Einige Entchen schwimmen auf dem Krummen See, andere haben es sich am Ufer bequem gemacht. Wie viele Entchen schwimmen auf dem See?

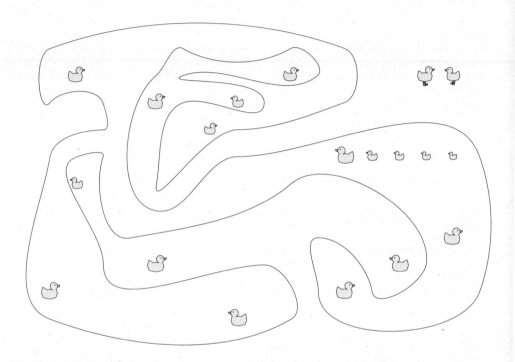

 Fixiere mit deinen Augen einen Punkt hinter dem Bild, bis ein dreidimensionales Bild entsteht. Wer erkennt das versteckte Bild im Bild?

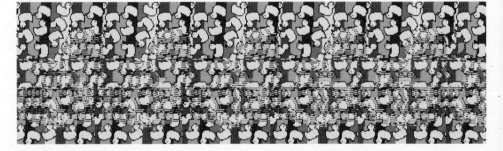

Knobeleien, Kopfnüsse, Logikrätsel und Basteleien

Schilderschummeleien

Unter der Wurzel eines alten Baums entdeckte Kobold Knarz zwei kleine, aber recht schwere Truhen. Er fand jedoch nur einen Schlüssel, an dem ein Zettel mit dem Hinweis hing: „Ich passe in das Schloss beider Truhen. Doch wähle gut! Sobald eine Truhe geöffnet ist, zerfalle ich zu Staub, und die andere Truhe bleibt für immer verschlossen."
„Was nun?", rätselte Knarz. Er war unentschlossen, wusste er doch rein gar nichts über den Inhalt der Truhen. Da kam eine Elfe geflogen und flüsterte ihm im Vorbeihuschen ins Ohr: „Auf einer Truhe steht die Wahrheit, auf der anderen steht eine Lüge." Knarz dachte nach und öffnete schließlich eine der beiden Truhen. Welche?

In dieser Truhe ist ein Klumpen Gold. In der anderen Truhe ist ein Stein.

In einer der beiden Truhen ist ein Klumpen Gold und in der anderen ein Stein.

Familie Müller will von Oberdorf nach Niederdorf wandern. Den Weg kennt keiner genau, aber er ist gut beschildert. Unterwegs treffen sie den Förster, der sie auf Folgendes hinweist: „Bald trefft ihr auf eine Weggabelung mit drei Richtungsschildern. Eines weist den Weg nach Oberdorf, eines den Weg nach Mitteldorf und eines den Weg nach Niederdorf. Aber Vorsicht: zwei der Schilder sind vertauscht."
An der Weggabelung angekommen, überlegen die Müllers kurz und folgen dann besonnen dem Schild nach Mitteldorf. Wie geplant erreichten sie wenig später Niederdorf.
Welche beiden Schilder waren vertauscht? Woher wussten die Müllers, welchem Schild zu folgen ist?

Die Bärenmutter hat in der Küche vier Gefäße mit Leckereien. In einem ist Honig, in einem sind Nüsse, in einem Beeren und in einem Pilze. Um ihre naschhaften Bärenkinder zu verwirren, hat die Bärenmutter die Gefäße jedoch so beschriftet, dass für kein Gefäß Inhalt und Beschriftung übereinstimmen.

Willi, der neugierigste Bärensohn, hat gut beobachtet und herausgefunden:
1. Der Honig ist ganz sicher nicht im Gefäß, auf dem „Pilze" steht.
2. Das Gefäß, in dem die Nüsse sind, ist entweder mit „Honig" oder mit „Pilze" beschriftet.
3. Die Pilze sind nicht in dem Gefäß, auf dem „Nüsse" steht, und auch nicht in dem Gefäß, das mit „Beeren" beschriftet ist.

Willi will heimlich Honig naschen. Welches Gefäß muss er wählen?

 Die Bärenmutter hätte die Gefäße auch ganz anders beschriften können. Wie viele Möglichkeiten gibt es, die vier Gefäße so zu beschriften, dass für keines Inhalt und Beschriftung übereinstimmen?

Zahlenspielereien

Der litauische Mathematiker Genius Strazda hat in einem kleinen Buch, das den hübschen Titel „Wo liegt der Hund begraben?" trägt, viele Aufgaben zusammengetragen, in denen es darum geht, Zahlen auf unterschiedliche Weise darzustellen. Dabei gibt es stets irgendein Extra, sei es, dass alle 10 Ziffern benutzt werden müssen, sei es, dass Symmetrien auftreten oder, dass eine Darstellung für ein wichtiges Datum gesucht ist. Es folgen Beispiele und Knobeleien mit Zahlen.

1. Der Tag hat 24 Stunden. Und die 24 lässt sich mit den Zahlen von 1 bis 10 überraschend schreiben: $\big((1\cdot 2)+(2\cdot 3)+(3\cdot 4)+(4\cdot 5)+(5\cdot 6)+(6\cdot 7)+(7\cdot 8)+(8\cdot 9)\big):10=24$
Aber es geht auch viel kürzer, zum Beispiel: $1+23=24$ oder $1\cdot 2\cdot 3\cdot 4=24$
Wer findet noch andere Rechnungen mit den Zahlen $1, 2, 3, \ldots$ und dem Ergebnis 24?

2. Für welche 3 einstelligen Zahlen ist ihre Summe gleich ihrem Produkt?

3. Zwischen die Ziffern $1\,2\,3\,4\,5\,6\,7\,8\,9$ sind zwei oder mehr der Rechenzeichen $+\;-\;\cdot\;:$ zu setzen, sodass als Ergebnis der Rechnung 666 entsteht. Es gibt mehrere Möglichkeiten, zum Beispiel $1+23-45+678+9=666$. Wer findet weitere Möglichkeiten?

4. Zwischen die Ziffern $1\,2\,3\,4\,5\,6$ sind zwei oder mehr der Rechenzeichen $+\;-\;\cdot\;:$ zu setzen, sodass als Ergebnis der Rechnung 13 entsteht.

5. Zwischen die Ziffern $1\,2\,3\,4\,5\,6\,7$ sind zwei oder mehr der Rechenzeichen $+\;-\;\cdot\;:$ zu setzen, sodass als Ergebnis der Rechnung 667 entsteht.

6. Zwischen die Ziffern $1\,2\,3\,4$ sind Rechenzeichen wie $+\;-\;\cdot\;:$ und an geeigneter Stelle ein $=$ zu setzen, sodass eine richtige Gleichung entsteht.

7. Zwischen die Ziffern $5\,6\,7\,8$ sind Rechenzeichen wie $+\;-\;\cdot\;:$ und an geeigneter Stelle ein $=$ zu setzen, sodass eine richtige Gleichung entsteht.

8. Zwischen die Ziffern $3\,4\,5\,6\,7\,8\,9$ sind Rechenzeichen wie $+\;-\;\cdot\;:\;(\;)$ und an geeigneter Stelle ein $=$ zu setzen, sodass eine richtige Gleichung entsteht.

9. Was ist mit dieser Gleichung los?
Die Gleichung $1\cdot 1=40$ ist falsch.
Aber drei Dreien an drei Stellen richtig angefügt, machen daraus die richtige Gleichung $13\cdot 31=403$.
Wie kann aus $1\cdot 1=120$ durch Anfügen ein und derselben Ziffer an jede der drei Zahlen eine richtige Gleichung entstehen?

 Welches der Rechenzeichen $+\;-\;\cdot\;:$ muss in das Kästchen gesetzt werden, damit gilt:
$20\cdot 15-2\;\square\;105=2015:5$

Welche Zahl erhalte ich, wenn ich von der größten Zahl, die ich aus den Ziffern der Jahreszahl 2015 bilden kann, die kleinste Zahl, die sich aus diesen Ziffern bilden lässt, abziehe?

Knobeleien, Kopfnüsse, Logikrätsel und Basteleien

Origami-Oktaeder

Aus 6 quadratischen Blättern Papier lässt sich wie folgt ein Oktaeder basteln.

Wir nehmen ein quadratisches Blatt Papier zur Hand.
Tipp für die Verwendung von zweifarbigem Papier: Die oben liegende Seite ist am Ende außen zu sehen!

An den gestrichelten Linien wird nach vorn, an den gepunkteten nach hinten gefaltet und wieder auseinandergeklappt.

Die rechte und die linke Kante lassen sich nun leicht zwischen die beiden Dreiecke drücken. So entsteht ein Modul.

Insgesamt werden 6 solche Module gefaltet.

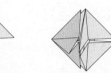 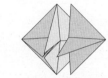

Nun werden die Module mit den Ecken ineinander gesteckt. Die linke Ecke des rechten Moduls wird in die obere Ecke des linken Moduls gesteckt.

Die linke Ecke des unteren Moduls wird in die untere Ecke des linken Moduls gesteckt.

Die rechte Spitze des oberen und des unteren Moduls werden in das rechte Modul gesteckt.

Das fünfte Modul wird auf die vordere Ecke des linken und des rechten Moduls gesteckt.

  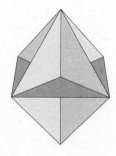

Nun werden die obere und untere Ecke des fünften Moduls in die vordere Ecke des oberen bzw. unteren Moduls hineingesteckt.

Die letzten beiden Schritte werden mit dem sechsten Modul auf der Rückseite wiederholt.

Fertig ist das Oktaeder!

 Wie viele Dreiecke sind in der abgebildeten Figur zu finden? Wer genau hinschaut und Phantasie hat, kann in der Figur einen dreidimensionalen Körper entdecken. Welchen?

Magische Figuren

Wer gern knobelt und mathematische Aufgaben löst, ist vielleicht schon einmal mit magischen Quadraten in Berührung gekommen. Das wohl älteste soll in China auf dem Rücken einer Schildkröte gefunden worden sein, das rechts abgebildete 3 × 3-Quadrat.

6	1	8
7	5	3
2	9	4

Bei einem magischen 3×3-Quadrat sind die Summen der Zahlen in 8 Richtungen gleich, den 3 waagerechten, den 3 senkrechten und den beiden diagonalen. Bei dem abgebildeten 3 × 3-Quadrat ist diese „magische Summe" jeweils 15. Es gibt auch größere magische Quadrate. Bei einem magischen 4 × 4-Quadrat müssen dann die Summen in 10 Richtungen übereinstimmen. Werden die Zahlen von 1 bis 16 eingetragen, so ist die magische Summe 34.

Wer kann die 4 × 4-Quadrate rechts mit den Zahlen von 1 bis 16 ausfüllen, sodass magische Quadrate entstehen, bei denen außerdem in dem grauen Kreuz bzw. dem grauen „L" nur Zahlen stehen, die durch 3 teilbar sind?

Es gibt nicht nur magische Quadrate. Auch andere Figuren werden zu magischen Figuren, wenn vorgegebene Zahlen so eingetragen werden können, dass die Summen in vorgegebenen Richtungen übereinstimmen. Wer findet die richtige Belegung für die folgenden Figuren?

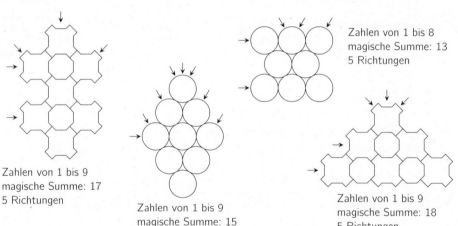

Zahlen von 1 bis 9
magische Summe: 17
5 Richtungen

Zahlen von 1 bis 9
magische Summe: 15
8 Richtungen

Zahlen von 1 bis 8
magische Summe: 13
5 Richtungen

Zahlen von 1 bis 9
magische Summe: 18
5 Richtungen

 Die Zahlen von 1 bis 9 sollen so in die Felder des Kreuzes geschrieben werden, dass die beiden Summen in den jeweils fünf diagonalen Feldern gleich sind.
Welche Zahlen können in der Mitte des Kreuzes stehen?
Welche magischen Summen sind möglich?

Klassenstufen 5 und 6

1. $2 \cdot 2 + 0 \cdot 0 + 1 \cdot 1 + 5 \cdot 5 =$

    (**A**) 25   (**B**) 30   (**C**) 56   (**D**) 205   (**E**) 2015

Lösung: Es ist $2 \cdot 2 + 0 \cdot 0 + 1 \cdot 1 + 5 \cdot 5 = 4 + 0 + 1 + 25 = 30$.

2. Bei wie vielen Figuren ist der gestreifte Teil der Fläche genauso groß wie der weiße Teil?

    (**A**) 0   (**B**) 3   (**C**) 4   (**D**) 5   (**E**) 6

Lösung: Beim ersten Quadrat in der Reihe ist mehr als die Hälfte gestreift, und beim Sechseck ist weniger als die Hälfte gestreift. Bei den anderen 4 Figuren ist der gestreifte Teil der Fläche genauso groß wie der weiße Teil.

3. Ein großes Rechteck ist aus vier gleichen Rechtecken zusammengesetzt. Wie lang ist die lange Seite des großen Rechtecks?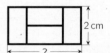

    (**A**) 3 cm   (**B**) 4 cm   (**C**) 5 cm   (**D**) 6 cm   (**E**) 7 cm

Lösung: Die kurzen Seiten der beiden in der Mitte liegenden Rechtecke sind zusammen genauso lang wie die lange Seite der beiden außen liegenden Rechtecke. Da die 4 Rechtecke gleich sind, folgt, dass die gesuchte lange Seite des großen Rechtecks 4 cm lang ist.

4. Ich multipliziere zwei einstellige Zahlen und erhalte das Ergebnis 35. Wie groß ist die Summe der beiden einstelligen Zahlen?

    (**A**) 12   (**B**) 13   (**C**) 14   (**D**) 15   (**E**) 16

Lösung: Es gibt genau zwei Möglichkeiten, 35 in 2 Faktoren zu zerlegen: $35 = 1 \cdot 35 = 5 \cdot 7$. Nur bei der zweiten Zerlegung sind beide Faktoren einstellig. Die gesuchte Summe ist $5 + 7 = 12$.

5. Zum Geburtstag hat Heinrich einen neuen Regenschirm bekommen. Obendrauf steht sein Name. Welches Bild zeigt Heinrichs Regenschirm?

(**A**)   (**B**)   (**C**)   (**D**)   (**E**)

Lösung: Nur das Bild bei (**C**) kann Heinrichs Regenschirm zeigen. Im Bild (**A**) stimmt die Buchstabenfolge nicht. Im Bild (**B**) ist das E falsch herum, im Bild (**D**) das C. Und im Bild (**E**) sind das R und das N falsch herum, genauer gesagt, gespiegelt.

6. Meine Großeltern haben 2 Sorten Hühner: 5 braune und 5 weiße. In den letzten 10 Tagen hat jedes braune Huhn täglich ein Ei gelegt, jedes weiße aber nur jeden zweiten Tag. Wie viele Eier haben die 10 Hühner in den 10 Tagen insgesamt gelegt?

(**A**) 75 (**B**) 72 (**C**) 70 (**D**) 65 (**E**) 60

Lösung: Jedes braune Huhn hat in den vergangenen 10 Tagen genau 10 Eier gelegt, die 5 braunen Hühner haben also alle zusammen 50 Eier gelegt. Jedes weiße Huhn hat in den 10 Tagen nur 5 Eier gelegt, die 5 weißen Hühner zusammen also 25 Eier. Und die gesamte Hühnerschar hat demzufolge 75 Eier gelegt.

7. Von einem Schreibblock hat Dunja zwei 21 cm lange Papierstreifen abgeschnitten. Sie legt die beiden Streifen auf einer Länge von 6 cm übereinander und verklebt sie dort zu einem langen Streifen.

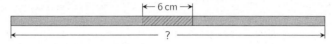

Wie lang ist dieser Streifen?

(**A**) 30 cm (**B**) 32 cm (**C**) 33 cm (**D**) 34 cm (**E**) 36 cm

Lösung: Hätte Dunja die beiden Streifen hintereinander gelegt, so wäre der „Doppelstreifen" $2 \cdot 21\,\text{cm} = 42\,\text{cm}$ lang. Da ein Stück von 6 cm Länge doppelt liegt, ist der verklebte Streifen $42\,\text{cm} - 6\,\text{cm} = 36\,\text{cm}$ lang.

8. Bei welcher Aufgabe bleibt beim Teilen ein Rest?

(**A**) 2011 : 1 (**B**) 2012 : 2 (**C**) 2013 : 3 (**D**) 2014 : 4 (**E**) 2015 : 5

Lösung: Wenn wir die 5 Divisionsaufgaben rechnen, stellen wir fest, dass bei Aufgabe (**D**) der Rest 2 bleibt, während die 4 anderen Divisionen ohne Rest aufgehen.
Wer Teilbarkeitsregeln kennt, muss fast gar nicht rechnen: Dass bei Division durch 1 kein Rest bleibt, ist klar. 2012 ist als gerade Zahl durch 2 teilbar. 2013 hat die Quersumme 6, ist also durch 3 teilbar. Die Zahl aus den beiden letzten Ziffern von 2014 ist 14, und da 14 nicht durch 4 teilbar ist, ist auch 2014 nicht durch 4 teilbar. 2015 schließlich endet auf 5 und ist somit durch 5 teilbar.

 Die Buchstaben sind in der Reihenfolge des Wortes PROZENTRECHNUNG durch Linien miteinander zu verbinden. Dabei dürfen sich die Linien aber nirgendwo überkreuzen.

Wer findet eine Lösung?

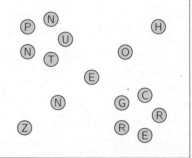

Klassenstufen 5 und 6 17

9. Wie viel wiegt das kleinere der beiden Hühner?

(**A**) 1 kg (**B**) 2 kg (**C**) 3 kg
(**D**) 4 kg (**E**) 5 kg

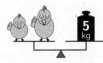 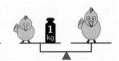

Lösung: Da wir vom Gleichstand der rechten Waage wissen, dass das kleine Huhn zusammen mit einem 1-kg-Gewicht genauso viel wiegt wie das große Huhn, können wir uns das große Huhn auf der linken Waage durch das kleine Huhn zusammen mit dem 1-kg-Gewicht ersetzt denken. Dann würden 2 kleine Hühner zusammen mit einem 1-kg-Gewicht 5 kg wiegen, die beiden kleinen Hühner allein also 5 kg − 1 kg = 4 kg. Ein kleines Huhn wiegt demzufolge 2 kg.

10. Prinz Ali schenkt der lieblichen Prinzessin Dora einen Strauß mit Zweigen vom Zauberbusch. Jeder Zauberzweig hat entweder 2 goldene Blätter und eine funkelnde Blüte oder 5 goldene Blätter, jedoch keine Blüte. Beglückt zählt Prinzessin Dora insgesamt 32 Blätter und 6 Blüten. Wie viele Zauberzweige hat Ali Dora geschenkt?

(**A**) 10 (**B**) 12 (**C**) 13 (**D**) 15 (**E**) 16

Lösung: Da Prinzessin Dora 6 Blüten zählt, sind unter den Zweigen, die sie bekam, 6 mit je einer Blüte und 2 Blättern. Dann bleiben 32 − 2 · 6 = 20 Blätter an Zweigen mit je 5 Blättern. Es gibt folglich 20 : 5 = 4 Zweige mit 5 Blättern. Insgesamt hat Prinz Ali ihr 6 + 4 = 10 Zweige geschenkt.
Ähnlich zu diesem Problem ist Aufgabe 16 in Klassenstufe 7/8.

11. Tag für Tag addiert Axel die vier Zahlen, die im Tagesdatum vorkommen. Zum Beispiel addiert er am 19. März, also dem 19.03., 1 + 9 + 0 + 3 = 13, und trägt die 13 in seine am Jahresanfang begonnene Tabelle ein. Welches ist die größte Zahl, die am Jahresende in seiner Tabelle stehen wird?

(**A**) 13 (**B**) 15 (**C**) 18 (**D**) 20 (**E**) 22

Lösung: Als Tage kommen 01 bis 31 vor. Unter diesen hat 29 die größte Ziffernsumme. Für die Monate stehen 01 bis 12 zur Verfügung, von denen 09 die größte Ziffernsumme hat. Die größte Zahl schreibt Axel am 29.09. in seine Tabelle: 2 + 9 + 0 + 9 = 20.

12. Jede der 9 Strecken in der rechts gezeichneten Figur soll blau, rot oder grün sein. Jedes Dreieck soll dabei eine blaue, eine rote und eine grüne Seite haben. Drei Strecken sind bereits gefärbt. Welche Farbe muss die Strecke mit dem Fragezeichen bekommen?

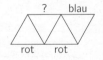

(**A**) blau (**B**) rot (**C**) grün
(**D**) Alle Farben sind möglich. (**E**) Eine solche Färbung der Figur gibt es nicht.

Lösung: Im Bild rechts sind einige der Dreiecksseiten nummeriert. Seite 1 muss grün sein, denn sie gehört zu den beiden ganz rechts liegenden Dreiecken, in denen es bereits eine blaue bzw. eine rote Seite gibt. Wenn Seite 1 grün ist, muss Seite 2 blau sein. Seite 3 muss grün sein, denn sie gehört zu den beiden ganz links liegenden Dreiecken, in denen es bereits eine blaue bzw. eine rote Seite gibt. Nun folgt, dass die Strecke mit dem Fragezeichen rot sein muss. Dass die Färbung der Figur möglich ist, ist klar, da auch die beiden äußeren Seiten passend gefärbt werden können, die linke blau, die rechte rot.

Ein ähnliches Problem mit einer anderen Figur ist als Aufgabe 13 in Klassenstufe 7/8 gestellt.

13. Henry legt aus 12 Quadraten mit der Seitenlänge 1 cm ein Rechteck ohne Lücken. Dann addiert er die Längen der vier Seiten seines Rechtecks und erhält als Ergebnis eine der folgenden Längenangaben. Welche?

(**A**) 12 cm   (**B**) 14 cm   (**C**) 15 cm   (**D**) 18 cm   (**E**) 20 cm

Lösung: Henry könnte die 12 kleinen Quadrate in eine Reihe legen. Das entsprechende Rechteck wäre 1 cm breit und 12 cm lang. Sein Umfang $2 \cdot 1\,\text{cm} + 2 \cdot 12\,\text{cm} = 26\,\text{cm}$ gehört allerdings nicht zu den vorgeschlagenen Längenangaben. Henry könnte die kleinen Quadrate in Zweierreihen ordnen. Das Rechteck wäre dann 2 cm breit und 6 cm lang, hätte also einen Umfang von $2 \cdot 2\,\text{cm} + 2 \cdot 6\,\text{cm} = 16\,\text{cm}$, und auch diese Zahl ist nicht bei den vorgeschlagenen. Schließlich könnte Henry die kleinen Quadrate in Dreierreihen anordnen. Dann betrüge die Breite 3 cm, die Länge 4 cm. Der Umfang wäre nun $2 \cdot 3\,\text{cm} + 2 \cdot 4\,\text{cm} = 14\,\text{cm}$, und das ist der Lösungsvorschlag (**B**).

14. Auf jedes der 9 Felder ihres Spielfeldes hat Eva eine Figur gestellt (siehe Bild). Sie tauscht solange jeweils zwei Figuren miteinander, bis keine gleichen Figuren mehr nebeneinander stehen, weder waagerecht noch senkrecht. Wie oft muss Eva mindestens tauschen?

(**A**) einmal   (**B**) zweimal   (**C**) dreimal   (**D**) viermal   (**E**) fünfmal

Lösung: Auf Evas Spielbrett gibt es zu jeder Sorte von Figuren Paare, die auf benachbarten Feldern stehen. Da mit jedem Tausch höchstens zwei solche Paare getrennt werden können, muss mindestens zweimal getauscht werden. Und dass zweimaliges Tauschen ausreicht, zeigt die Abbildung.

15. Lotte hat an der Tafel 6 quadratische Magnete wie im Bild zusammengeschoben. Jeder Magnet hat eine Seitenlänge von 2 cm. Mit Kreide zieht Lotte säuberlich den Rand der Figur nach. Wie lang ist dieser Rand?

(**A**) 20 cm   (**B**) 21 cm   (**C**) 23 cm   (**D**) 24 cm   (**E**) 28 cm

Lösung: Wir stellen uns vor, dass Lotte unten links mit dem Nachziehen des Randes beginnt und zuerst $3 \cdot 2\,\text{cm} = 6\,\text{cm}$ von links nach rechts zeichnet. Da sie zum Schluss wieder links unten ankommt, zeichnet sie ebenso 6 cm von rechts nach links, allerdings mit Unterbrechungen. Da Lotte bei ihrem Nachziehen auch $3 \cdot 2\,\text{cm} = 6\,\text{cm}$ oberhalb der untersten Linie zeichnet, muss sie also auch 6 cm nach oben und wieder zurück zeichnen, ebenfalls mit Unterbrechungen. Lotte zeichnet an keiner Stelle rückwärts und nur in waagerechter und senkrechter Richtung. Also ist die von ihr gezeichnete Linie genauso lang wie der Umfang des abgebildeten Quadrats, $4 \cdot 6\,\text{cm} = 24\,\text{cm}$.

 In jedem der folgenden Wörter sind zwei Buchstaben an geeigneter Stelle so einzufügen, dass jeweils ein mathematischer Begriff entsteht.

ADER   EILE   FANG   GERA   PISA   ZIER

16. Ramses will fünf Pyramiden bauen. Für jede Pyramide will er ein anderes Netz zeichnen. Vier Netze sind ihm gelungen, eine Zeichnung ist jedoch kein Netz für eine Pyramide. Welche?

(A)   (B)   (C)   (D)   (E)

Lösung: Die Bilder (A) bis (D) zeigen Pyramidennetze. In Bild (E) hingegen überlappen sich beim Falten die beiden grau markierten Dreiecke, das ist kein Netz für eine Pyramide.

 Die Jahreszahl 2015 soll als Summe von 4 natürlichen Zahlen geschrieben werden. Dabei soll der 2. Summand das Dreifache, der 3. Summand das Vierfache und der 4. Summand das Fünffache des 1. Summanden sein. Wer findet die Summanden?

☐ + ☐ + ☐ + ☐ = 2015

17. In der Aufgabe rechts sollen X, Y und Z durch drei verschiedene Ziffern ersetzt werden, sodass die Rechnung richtig ist. Dann ist X =

(A) 6   (B) 2   (C) 8   (D) 7   (E) 3

```
    X
+   X
+ Y Y
-----
Z Z Z
```

Lösung: Zuerst bemerken wir, dass für den Buchstaben Z nur die 1 stehen kann als Übertrag aus der Addition. Weil X + X höchstens 18 sein kann, ist YY mindestens $111 - 18 = 93$, also gleich 99. Somit ist $X = (111 - 99) : 2 = 6$.

18. Karin sitzt in der Badewanne und spielt mit 3 Bade-Enten. Sie verteilt sie auf die 7 Fliesen am Badewannenrand. Dabei lässt sie wie im Beispiel zwischen je zwei Enten stets mindestens eine Fliese leer. Wie viele Möglichkeiten hat Karin, die 3 Enten auf diese Weise auf die 7 Fliesen zu verteilen?

(A) 6   (B) 8   (C) 10   (D) 11   (E) 13

Lösung: Die Verteilung der Bade-Enten auf die 7 Fliesen lässt sich systematisch darstellen, es sind 10 Möglichkeiten:

19. Raphael multipliziert die Zahl 100 entweder mit 2 oder mit 3. Zu dem Produkt, das er dabei erhält, addiert er entweder 1 oder 2. Die entstandene Summe teilt er entweder durch 3 oder durch 4. Raphael verrät uns, dass das Ergebnis eine ganze Zahl ist. Welche?

(**A**) 50 (**B**) 51 (**C**) 67 (**D**) 77 (**E**) 101

Lösung: Nach der Multiplikation hat Raphael 200 oder 300 erhalten, nach der Addition dann 201, 202, 301 oder 302. Da keine dieser Zahlen durch 4 teilbar und nur 201 durch 3 teilbar ist, hat Raphael also zuerst mit 2 multipliziert, dann 1 addiert und dann durch 3 dividiert. Als Ergebnis hat er 201 : 3 = 67 erhalten.

20. Fabian möchte einen Würfel aus Papier falten. Beim Aufzeichnen des Netzes hat er sich geirrt und 7 Quadrate gezeichnet anstatt 6. Welches Quadrat kann er wegschneiden, sodass ein Würfelnetz entsteht?

(**A**) nur 4 (**B**) nur 7 (**C**) nur 3 oder 4
(**D**) nur 3 oder 7 (**E**) nur 3, 4 oder 7

Lösung: Beim Zusammenfalten der gezeichneten Figur sind die Quadrate 3 und 7 beide auf der Würfelseite, die der Seite mit der 1 gegenüber liegt. Jedes der beiden Quadrate, jedoch kein anderes, kann weggeschnitten werden.

Eine ähnliche Aufgabe mit einer anderen Figur ist Aufgabe 17 in Klassenstufe 3/4.

Aus kleinen Würfeln wollte ich einen großen Würfel bauen. Wie viele kleine Würfel fehlen?

Kann ich aus all den vorhandenen Würfeln drei Würfel bauen, die kleiner sind als der geplante Würfel?

21. Auf dem Markt haben wir Fingerpuppen für ein Puppenspiel gekauft. Es sind 8 Jungspuppen, davon 3 mit roten und 5 mit gelben Locken, sowie 9 Mädchenpuppen, davon 7 mit roten und 2 mit gelben Zöpfen. Wie viele von den Puppen müsste ich – ohne hinzuschauen – aus der Tüte nehmen, um sicher zu sein, dass ich eine Jungspuppe und eine Mädchenpuppe mit gleicher Haarfarbe erwische?

(**A**) 13 (**B**) 11 (**C**) 9 (**D**) 8 (**E**) 6

Lösung: Der ungünstigste Fall tritt ein, wenn ich – bevor ich eine Jungspuppe und eine Mädchenpuppe von gleicher Haarfarbe erwische – alle 5 gelbgelockten Jungspuppen und alle 7 rotbezopften Mädchenpuppen herausnehme, insgesamt 12. Die 13. Puppe ist entweder eine rotgelockte Jungspuppe oder eine gelbbezopfte Mädchenpuppe. In beiden Fällen habe ich jetzt ein gewünschtes Pärchen.

22. Ich habe einen Würfel der Seitenlänge 4 cm aus kleinen Würfeln der Seitenlänge 1 cm zusammengeklebt. Ich streiche 3 Seiten des großen Würfels rot und die anderen 3 Seiten blau. Als ich fertig bin, merke ich, dass es keinen kleinen Würfel mit 3 roten Seiten gibt. Wie viele der kleinen Würfel haben sowohl rote als auch blaue Seiten?

(**A**) 8 (**B**) 12 (**C**) 18 (**D**) 24 (**E**) 32

Lösung: Wir stellen uns den Würfel so hingelegt vor, dass die vordere Seite rot angestrichen ist. Von den angrenzenden Seiten muss mindestens eine weitere rot gestrichen sein. Wir stellen uns vor, dass der Würfel so liegt, dass die obere Seite rot gestrichen ist. Dann kann weder die linke noch die rechte Seite rot angestrichen sein, denn in beiden Fällen würde es eine total rot gestrichene Würfelecke, also einen kleinen Würfel mit 3 roten Seiten geben, was in der Aufgabe ausgeschlossen ist. Folglich ist entweder die hintere oder die untere Seite rot gestrichen. Wir können den Würfel so drehen, dass die vordere, die obere und die untere Seite rot gestrichen ist. Die kleinen Würfel an den Randkanten der roten Fläche sind alle diejenigen, die auch blaue Seiten haben. Die Abbildung zeigt alle diese kleinen Würfel. Wir können sie zählen, es sind 24.

23. Nina und Leonie starten beim Berlin-Marathon beide mit einer dreistelligen Startnummer, ihre Schwester Jasmin mit einer vierstelligen. Ihr kleiner Bruder Benni entdeckt, dass in den drei Startnummern alle Ziffern von 0 bis 9 genau einmal vorkommen. Er multipliziert die Ziffern der Startnummern und erhält für Nina 0, für Leonie 90 und für Jasmin 72. Wie groß ist die Summe der Ziffern von Ninas Startnummer?

(**A**) 9   (**B**) 10   (**C**) 12   (**D**) 14   (**E**) 15

Lösung: Als erstes stellen wir fest, dass in Ninas Startnummer die 0 vorkommt. Außerdem muss die 7 vorkommen, denn weder 90 noch 72 enthält 7 als Faktor. Nun versuchen wir, 90 als Produkt von 3 der Zahlen 1, 2, 3, 4, 5, 6, 8 und 9 darzustellen. Da $90 = 2 \cdot 3 \cdot 3 \cdot 5$ ist, gibt es die beiden Möglichkeiten $90 = 2 \cdot 9 \cdot 5$ und $90 = 3 \cdot 6 \cdot 5$. Weiter gilt $72 = 2 \cdot 2 \cdot 2 \cdot 3 \cdot 3$. Im ersten Fall, wenn $90 = 2 \cdot 9 \cdot 5$ gilt, kann nur $72 = 1 \cdot 3 \cdot 4 \cdot 6$ sein. Im zweiten Fall ist $72 = 1 \cdot 2 \cdot 4 \cdot 9$. Die 1 muss im Produkt der Ziffern von Jasmins Startnummer stecken, denn diese ist ja das Produkt von 4 Zahlen. In keinem der beiden Fälle enthalten die Startnummern von Leonie und Jasmin die Ziffer 8. Also besteht Ninas Startnummer aus den Ziffern 0, 7 und 8. Die gesuchte Summe ist $0 + 7 + 8 = 15$.

24. Auf einer Geraden sind vier Punkte markiert. Die Abstände zwischen je zwei dieser vier Punkte sind (in cm gemessen) der Größe nach geordnet: 2, 3, n, 11, 12, 14. Für welche Zahl steht n?

(**A**) 5   (**B**) 6   (**C**) 7   (**D**) 8   (**E**) 9

Lösung: Die beiden am weitesten voneinander entfernten Punkte haben den Abstand 14 cm. Wir nennen diese Punkte A und B. Der Abstand 12 cm muss innerhalb der Strecke $\overline{AB}$ angenommen werden. Da $2\,\text{cm} + 12\,\text{cm} = 14\,\text{cm}$ ist, befindet sich der dritte Punkt von einem der Punkte A oder B genau 2 cm entfernt, vom anderen 12 cm. Da $3\,\text{cm} + 11\,\text{cm} = 14\,\text{cm}$ ist, befindet sich der vierte Punkt von einem der Punkte A oder B genau 3 cm entfernt, vom anderen 11 cm. Der vierte Punkt hat die Entfernung 3 cm von dem Punkt, von dem der dritte Punkt 12 cm entfernt ist, da es sonst zusätzlich eine Entfernung von 1 cm geben müsste. Der dritte und der vierte Punkt sind demzufolge $14\,\text{cm} - 2\,\text{cm} - 3\,\text{cm} = 9\,\text{cm}$ voneinander entfernt. Es ist also $n = 9$.

Die Zeichnung zeigt eine der beiden möglichen Lagen der 4 Punkte, die zweite mögliche Lage ist zu dieser gespiegelt.

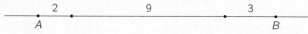

Eine ähnliche Aufgabe mit 5 Punkten auf der Geraden ist Aufgabe 26 in Klassenstufe 7/8.

Schwarz-weiße Logik: Mastermind

Beim Spiel Mastermind ist eine Zahlenfolge mit lauter verschiedenen Ziffern gesucht. Zum Finden dieser Zahlenfolge sind andere Zahlenfolgen mit Hinweisen angegeben. Jeder schwarze Punkt steht für eine richtige Zahl an der richtigen Stelle. Jeder weiße Punkt steht für eine Zahl, die zwar in der gesuchten Zahlenfolge vorkommt, aber nicht an der richtigen Stelle steht.

Im Beispiel rechts ist in jeder Zeile ein schwarzer Punkt, also jeweils eine Zahl am richtigen Platz. Außerdem gehört in der dritten Zeile eine der Zahlen zur gesuchten Zahlenfolge, steht aber an der falschen Stelle. Das kann nur die in der ersten Zeile oder die in der zweiten Zeile richtig platzierte Zahl sein, also die 5. Damit ist klar, dass in der dritten Zeile die 6 am richtigen Platz steht. Die zweite Zahl ist die 1. Die gesuchte Zahlenfolge ist 615.

Die folgenden Aufgaben stammen aus dem „Großen Buch der Kopfnüsse" von W. A. Portugalow, das 2007 für Sieger des Känguru-Wettbewerbs in Belarus erschien. Wer findet die Zahlenfolgen?

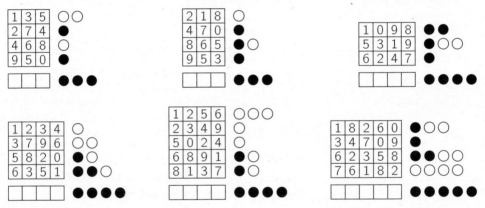

In den folgenden beiden Aufgaben sind sowohl in der richtigen Zahlenfolge als auch in den anderen Zahlenfolgen Lücken. Die Punkte sind vollständig angegeben. Welche Zahlen gehören in die Kästchen?

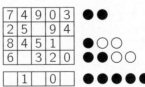

 Zu einer Zahlenfolge aus 3 Zahlen können viele andere Zahlenfolgen mit Hinweisen angegeben werden. Wie viele Zahlenfolgen mit 3 verschiedenen Zahlen gibt es mit a) keinem schwarzen und keinem weißen, b) genau einem schwarzen, c) genau einem weißen, d) genau einem schwarzen und genau einem weißen Punkt?

Knobeleien, Kopfnüsse, Logikrätsel und Basteleien

Sportlich, sportlich

An einem Hockey-Turnier nahmen vier Teams (A, B, C, D) teil.
Jedes Team spielte gegen jedes andere genau einmal.
Die Ergebnistabelle ist rechts zu sehen. G ist die Anzahl der
gewonnenen, U die der unentschiedenen und V die der verlorenen
Spiele. In der letzten Spalte stehen die Tore und die Gegentore.

Team	G	U	V	Tore
A	3	0	0	5:1
B	1	1	1	2:2
C	0	2	1	5:6
D	0	1	2	3:6

a) Wer hat gegen wen gewonnen? Welche Spiele gingen unentschieden aus?
b) Welches waren die genauen Ergebnisse der sechs Spiele?

Die Ergebnistabelle rechts gehört zu einem Turnier mit fünf
Mannschaften (A, B, C, D, E).
Wie sind bei diesem Turnier die einzelnen Spiele ausgegangen?

Team	G	U	V	Tore
A	4	0	0	6:1
B	2	1	1	6:4
C	1	1	2	3:4
D	0	3	1	0:2
E	0	1	3	0:4

Kopf oder Zahl?

Nimm dir ein paar Münzen zur Hand, möglichst gleiche, also zum Beispiel 1-Cent- oder 2-Cent-Stücke.

In der Münzreihe sollen nacheinander jeweils zwei benachbarte Münzen gleichzeitig umgedreht werden.

Wer schafft es in drei Zügen, die Münzen so zu drehen, dass sie abwechselnd Kopf und Zahl zeigen?

Die Münzreihe soll so umgeordnet werden, dass die vier Münzen, die Zahl zeigen, nebeneinander liegen und ebenso die vier Münzen, die Kopf zeigen. In einem Zug dürfen zwei benachbarte Münzen verschoben werden, ohne dabei ihre Anordnung zu ändern. Zwischendurch dürfen in der Reihe Lücken entstehen, aber zum Schluss sollen alle Münzen wieder lückenlos nebeneinander liegen.
Wem gelingt diese Aufgabe in möglichst wenigen Zügen?

Die abgebildete Münzreihe soll so umgeordnet werden, dass die Münzen in fünf Stapeln zu je zwei Münzen liegen. Wie kann das in möglichst wenigen Zügen erreicht werden, wenn in einem Zug mit einer einzelnen Münze a) stets genau zwei Münzen übersprungen werden, b) stets genau zwei Stapel übersprungen werden? (Dabei zählen auch einzeln liegende Münzen als ein Stapel.)

 In den rechts abgebildeten Münzkreisen dürfen in einem Zug jeweils 2 benachbarte Münzen umgedreht werden.
Kann so erreicht werden, dass alle Münzen Kopf zeigen?
Lässt sich auch so ziehen, dass alle Münzen Zahl zeigen?

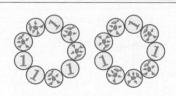

Verwegen gewogen

Im Keller der alten Apotheke turnen Mäuse auf einer alten Balkenwaage herum. Unter ihnen sind einige weiße Mäuse, die alle dasselbe Gewicht haben. Auch die grauen Mäuse haben untereinander dasselbe Gewicht und ebenso die gescheckten Mäuse. Allerdings wiegen weiße, graue und gescheckte Mäuse unterschiedlich viel.
Auf der Waage sitzen dreimal ganz still einige Mäuse in folgenden Anordnungen:

Wie viele Mäuse sind mindestens im Keller?
Welche der Mäuse sind am schwersten, welche sind am leichtesten?

Ich habe eine Balkenwaage und vier Gewichte. Zwei der Gewichte wiegen 40 g, eines 70 g und das vierte 100 g. Beim Wiegen kann jedes der Gewichte beliebig auf eine der beiden Waagschalen gelegt oder beiseite gestellt werden.
Mit möglichst wenigen Wiegevorgängen möchte ich Reis abwiegen, einmal 20 g, einmal 50 g, einmal 180 g und zuletzt 310 g. Wie kann ich dazu vorgehen? Wie viele Wägungen reichen jeweils?
Wie gelingt es, 5 g Reis abzuwiegen? Lassen sich 57,5 g Reis abwiegen?

Ein König hatte neun Goldmünzen. Acht der Münzen waren gleich schwer. Die neunte sah den anderen zum Verwechseln ähnlich, doch sie war, mit bloßem Gefühl nicht auszumachen, ein klein wenig schwerer als die anderen acht. Einem Gelehrten, der am Hof weilte, stellte der König die Aufgabe, mithilfe einer Balkenwaage herauszufinden, welche der Münzen die schwerere Münze ist. Allerdings sollte der Gelehrte höchstens dreimal wiegen. Wie konnte das gelingen?
Der Hofnarr, der hörte, dass ein weitgereister Gelehrter eine schwierige Aufgabe des Königs gelöst hätte, wollte sich auch daran versuchen. „Du Schelm", dachte der König, und verriet dem Narren nur, dass eine der Münzen ein anderes Gewicht hat als die anderen. Dass sie schwerer war, behielt er für sich. Der Hofnarr grübelte, doch schließlich gelang es auch ihm, mit nur drei Wägungen die gesuchte Münze zu finden. Beim Weggehen rief er zum König: „Ihr hättet mir ruhig sagen können, dass die Münze schwerer ist als die anderen acht."
Wie ist der Hofnarr beim Wiegen vorgegangen?
Und wie konnte er dabei sogar herausfinden, dass die gesuchte Münze schwerer ist als die anderen?

 Tilman hat bei seinem Großvater auf dem Dachboden 2 Sorten Gewichte für eine Briefwaage gefunden. Die Gewichte haben ganzzahlige Grammzahlen. Ein kleines Gewicht und 4 große Gewichte wiegen zusammen genau 100 g. Und 4 kleine Gewichte zusammen sind leichter als ein großes Gewicht. Welche Grammzahlen haben die Gewichte?

Solohalma

Solohalma ist ein kniffliges Brettspiel für eine Person, das auch als Solitär oder Steckhalma bekannt ist. Beim Känguru-Wettbewerb war es 2003 „Preis für alle". Meist wird auf einem kreuzförmigen Spielbrett mit 33 Feldern gespielt. Beim Standardspiel wird auf 32 Felder ein Spielstein gelegt, ein Feld bleibt frei.

In einem Spielzug darf ein Stein einen einzelnen benachbarten Stein waagerecht oder senkrecht überspringen, sofern direkt hinter diesem ein leeres Feld ist. Der übersprungene Stein wird entfernt. Ziel des Spiels ist es, dass nur ein einziger Stein übrig bleibt.

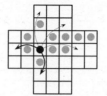

Im Beispiel darf der markierte Spielstein nach unten oder nach links springen. Die gepunktet gezeichneten Sprünge verlaufen diagonal, über mehrere Steine oder nicht über einen benachbarten Stein und sind nicht erlaubt.

Zum Üben lässt sich Solohalma auch mit anderen Startaufstellungen spielen. Wem gelingt es, so zu ziehen, dass nur ein einziger Stein übrigbleibt?

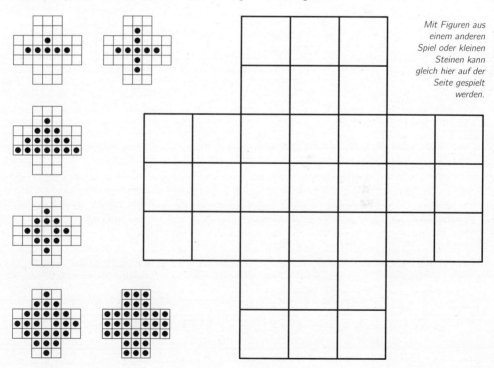

Mit Figuren aus einem anderen Spiel oder kleinen Steinen kann gleich hier auf der Seite gespielt werden.

 Die Anzahl der nötigen Sprünge steht bei jeder der Aufgaben von Beginn an fest. Wie viele sind es jeweils?

Klassenstufen 7 und 8

1. Welche der folgenden Zahlen liegt am nächsten am Ergebnis der Rechnung 510,2 · 2,015?

   (**A**) 1   (**B**) 10   (**C**) 100   (**D**) 1000   (**E**) 10000

   Lösung: Da die Zahlen in den Antwortmöglichkeiten weit auseinanderliegen, ist das grobe Runden von 510,2 · 2,015 = 1028,053 durch 500 · 2 = 1000 ausreichend. (**D**) ist die Lösung.

2. Zum Geburtstag hat Josefine einen Regenschirm bekommen. Obendrauf steht ihr Name. Welches Bild zeigt Josefines Regenschirm?

   (**A**)   (**B**)   (**C**)   (**D**)   (**E**)

   Lösung: Wer das Blatt dreht und von oben auf die Bilder der Schirme schaut, sieht leicht, dass nur (**C**) die Lösung sein kann. In (**A**) steht das F auf dem Kopf. In (**B**) und (**E**) ist die Reihenfolge der Buchstaben verkehrt und das S bzw. das J gespiegelt. Und die Buchstaben in (**D**) sind auf Josefines Schirm gar nicht benachbart.

3. Oma Elke strickt für jeden ihrer Enkelsöhne ein Paar Socken und für jede ihrer Enkeltöchter ein Paar Handschuhe. Insgesamt strickt sie 12 Socken und 8 Handschuhe. Wie viele Enkel hat Oma Elke?

   (**A**) 6   (**B**) 7   (**C**) 8   (**D**) 9   (**E**) 10

   Lösung: Oma Elke strickt für 12 : 2 = 6 Enkelsöhne Socken und für 8 : 2 = 4 Enkeltöchter Handschuhe. Sie hat folglich 6 + 4 = 10 Enkel.

4. In welchem der regelmäßigen Neunecke ist genau ein Drittel der gesamten Fläche grau?

   (**A**)   (**B**)   (**C**)   (**D**)   (**E**)

   Lösung: Jedes der 5 Neunecke ist in 9 gleich große Teile zerlegt. Es muss ein Drittel der Fläche grau sein, was 3 grauen Teilen entspricht. Das ist nur bei (**A**) der Fall.

5. Der Zug von Bonn nach Mainz fährt durch Bingen. Insgesamt fährt er etwa 1 Stunde und 25 Minuten. Von Bingen nach Mainz braucht er etwa 15 Minuten. Wie lange etwa braucht er von Bonn bis Bingen?

   (**A**) 55 Minuten   (**B**) 60 Minuten   (**C**) 65 Minuten   (**D**) 70 Minuten   (**E**) 75 Minuten

   Lösung: Für die Strecke von Bonn bis Bingen braucht der Zug etwa 15 Minuten weniger als für die gesamte Strecke, d. h. etwa 1 Stunde und 10 Minuten. Das sind 70 Minuten.

Klassenstufen 7 und 8

6. Sieben gleich große rechteckige Dominosteine sind zu dem abgebildeten Rechteck gelegt. Dieses Rechteck ist 6 cm breit. Wie lang ist es?

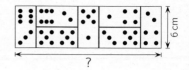

(**A**) 12 cm (**B**) 15 cm (**C**) 16 cm (**D**) 18 cm (**E**) 21 cm

Lösung: Da eine kurze Seite eines Dominosteins genau halb so lang ist wie eine lange Seite, also 3 cm, ist das Rechteck $3 \cdot 3\,\text{cm} + 2 \cdot 6\,\text{cm} = 21\,\text{cm}$ lang.

7. Elias zeichnet ein Dreieck mit den Seitenlängen 6 cm, 10 cm und 11 cm und ein gleichseitiges Dreieck, das denselben Umfang wie das erste Dreieck hat. Welche Seitenlänge hat das gleichseitige Dreieck?

(**A**) 10 cm (**B**) 9 cm (**C**) 8 cm (**D**) 7 cm (**E**) 6 cm

Lösung: Beide Dreiecke haben denselben Umfang, dieser beträgt $6\,\text{cm} + 10\,\text{cm} + 11\,\text{cm} = 27\,\text{cm}$. Da das zweite Dreieck gleichseitig ist, beträgt seine Seitenlänge $27\,\text{cm} : 3 = 9\,\text{cm}$.

8. Aus dem rechts abgebildeten Netz wird ein dreiseitiges Prisma gefaltet. Mit welchen Punkten fallen dabei die Punkte U und V zusammen?

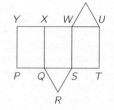

(**A**) mit X und W (**B**) mit Y und X (**C**) mit W und Y
(**D**) mit T und R (**E**) mit R und S

Lösung: Wir stellen uns vor, dass die Deckfläche, also das Dreieck WUV, nach vorn geklappt und dann die Mantelfläche von links nach rechts vorn herum gefaltet wird. Dabei fällt U mit Y zusammen und V mit X.

9. Welcher der folgenden Brüche ist kleiner als 3?

(**A**) $\dfrac{31}{8}$ (**B**) $\dfrac{32}{9}$ (**C**) $\dfrac{33}{10}$ (**D**) $\dfrac{34}{11}$ (**E**) $\dfrac{35}{12}$

Lösung: Ein Bruch ist genau dann kleiner als 3, wenn sein Zähler weniger als dreimal so groß wie sein Nenner ist. Das ist nur bei (**E**) der Fall: $\dfrac{35}{12} < \dfrac{36}{12} = 3$.

10. Die Eichhörnchen im Garten bewegen sich auf dem Boden nie weiter als 5 m von ihrem Baum weg und halten von der Hundehütte immer mindestens 5 m Abstand. In einem der folgenden Bilder ist der gesamte Bereich schraffiert, in dem sich die Eichhörnchen auf dem Boden aufhalten. In welchem?

(**A**)   (**B**)   (**C**)   (**D**)   (**E**)

Lösung: Die Eichhörnchen bewegen sich stets innerhalb eines Kreises mit Radius 5 m um ihren Baum, aber stets außerhalb eines Kreises mit Radius 5 m um die Hundehütte. Wären Baum und Hundehütte mindestens 10 m voneinander entfernt, würden sich diese beiden Kreise nicht schneiden und der Aufenthaltsbereich der Eichhörnchen auf dem Boden wäre eine komplette Kreisfläche. Das zeigt keines der Bilder in den Antwortmöglichkeiten. Folglich müssen Baum und Hundehütte weniger als 10 m voneinander entfernt sein. Den Aufenthaltsbereich der Eichhörnchen auf dem Boden zeigt dann Bild (**C**).

11. Jeder Stern in $2 \star 0 \star 1 \star 5 \star 2 \star 0 \star 1 \star 5 \star 2 \star 0 \star 1 \star 5 = 0$ soll so durch $+$ oder $-$ ersetzt werden, dass eine korrekte Gleichung entsteht. Welches ist die kleinste Anzahl an Sternen, die durch $+$ ersetzt werden müssen?

(**A**) 1 (**B**) 2 (**C**) 3 (**D**) 4 (**E**) 5

Lösung: Durch Probieren lässt sich leicht herausfinden, dass ein $+$ nicht genügt, das Ergebnis der Rechnung wäre stets negativ. Zwei $+$ genügen, wie folgendes Beispiel zeigt:

$$2 - 0 - 1 + 5 - 2 - 0 - 1 + 5 - 2 - 0 - 1 - 5 = 0$$

Die Aufgabe lässt sich aber auch ohne Probieren lösen: Damit das Ergebnis der Rechnung 0 ist, muss die Summe der Zahlen, die positiv in die Rechnung eingehen, ebenso groß sein wie die Summe der Zahlen, die negativ in die Rechnung eingehen. Die Summe der Zahlen, die positiv in die Rechnung eingehen, muss somit halb so groß wie die Summe <u>aller</u> Zahlen sein, also $3 \cdot (2 + 0 + 1 + 5) : 2 = 12$. Abzüglich der 2 vorn bleibt die Summe 10, die sich mit möglichst wenigen Pluszeichen erreichen lässt, wenn man vor zwei Fünfen ein $+$ schreibt.

12. Im Jugendorchester wurden alle Jungen in verschiedenen Monaten geboren und alle Mädchen an verschiedenen Wochentagen. Käme jedoch ein weiteres Mitglied zum Orchester dazu, so wäre ganz sicher eine dieser beiden Aussagen falsch. Wie viele Jugendliche sind im Jugendorchester?

(**A**) 19 (**B**) 20 (**C**) 21 (**D**) 22 (**E**) 23

Lösung: Die Anzahl der Jungen ist höchstens 12, und die Anzahl der Mädchen ist höchstens 7. Da eine der Aussagen ganz sicher falsch wird, sobald ein neues Mitglied zum Orchester dazukommt, muss die Anzahl der Jungen genau 12 und die Anzahl der Mädchen genau 7 sein. Das Orchester hat folglich $12 + 7 = 19$ Mitglieder.

13. Jede Dreiecksseite in der rechts abgebildeten Figur soll entweder rot, grün oder blau gefärbt werden. Dabei soll jedes Dreieck eine rote, eine grüne und eine blaue Seite haben. Vier Dreiecksseiten sind bereits gefärbt. Welche Farbe muss die Seite mit dem Fragezeichen bekommen?

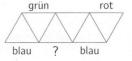

(**A**) rot (**B**) grün (**C**) blau
(**D**) Alle Farben sind möglich. (**E**) Eine solche Färbung der Figur existiert nicht.

Lösung: Die Farbe einer Dreiecksseite kann eindeutig bestimmt werden, wenn sie zu einem Dreieck gehört, in dem die Farben der beiden anderen Dreiecksseiten bekannt sind, oder wenn sie zu zwei Dreiecken mit je einer bekannten Farbe gehört und diese beiden Farben unterschiedlich sind. Mit dieser Überlegung finden wir nacheinander die Farben der Dreiecksseiten wie folgt:

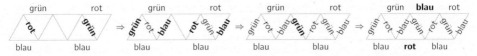

Die Farbe der Seite mit dem Fragezeichen ist eindeutig bestimmt: Sie muss rot sein.
Ähnlich hierzu ist Aufgabe 12 in Klassenstufe 5/6.

14. Samuel hat die Längen von drei der vier Seiten eines Rechtecks addiert und als Ergebnis 26 cm erhalten. Semira hat bei demselben Rechteck ebenfalls die Längen von drei der vier Seiten addiert und als Ergebnis 28 cm bekommen. Welchen Flächeninhalt hat dieses Rechteck?

(**A**) 27 cm^2 (**B**) 40 cm^2 (**C**) 45 cm^2 (**D**) 64 cm^2 (**E**) 80 cm^2

Lösung: Da Samuel und Semira unterschiedliche Ergebnisse erhalten haben, müssen die Rechtecksseiten unterschiedlich lang sein. Die Länge der beiden längeren Seiten sei a, die der beiden kürzeren sei b. Samuel hat $a + b + b = 26$ cm berechnet und Semira $a + a + b = 28$ cm. Also ist a um 28 cm $-$ 26 cm $= 2$ cm größer als b. Setzen wir $a = b + 2$ cm in Samuels Rechnung ein, erhalten wir $b = 8$ cm und daraus $a = 10$ cm. Der Flächeninhalt des Rechtecks beträgt 8 cm $\cdot$ 10 cm $= 80$ cm^2.

15. Jedes der rechts abgebildeten Quadrate hat die Seitenlänge 1 cm. Das obere Quadrat liegt genau mittig über der gemeinsamen Seite der beiden unteren Quadrate. Wie groß ist der Flächeninhalt der grauen Fläche?

(**A**) $\frac{2}{3}$ cm^2 (**B**) $\frac{3}{4}$ cm^2 (**C**) 1 cm^2 (**D**) $1\frac{1}{4}$ cm^2 (**E**) $1\frac{1}{3}$ cm^2

Lösung: Die beiden dick umrandeten Dreiecke sind zueinander kongruent, denn sie stimmen in den Größen ihrer Innenwinkel sowie der Länge der dem Scheitelwinkel ⊲ gegenüberliegenden Seite überein. Insbesondere haben sie denselben Flächeninhalt. Der Flächeninhalt der grauen Fläche ist somit genauso groß wie der Flächeninhalt von einem der Quadrate, also 1 cm^2.

Wer wie im unteren Bild das weiße Quadrat weglässt, erhält übrigens eine Figur, die punktsymmetrisch zu dem dick markierten Punkt ist. Bei dieser Punktspiegelung werden die weiße und die graue Fläche gerade vertauscht. Die graue Fläche macht also die Hälfte dieser Figur aus, 1 cm^2.

16. Frau Müller hat einen großen Strauß mit 10 Stängeln herrlich duftender Lilien bekommen. Einige sind elegante weiße Lilien mit jeweils 2 Blüten, die anderen sind leuchtend gelbe Lilien mit jeweils 5 Blüten. Wie viele Blüten kann Frau Müllers Strauß *ganz gewiss nicht* haben?

(**A**) 26   (**B**) 29   (**C**) 35   (**D**) 37   (**E**) 44

Lösung: Wir überlegen, wie viele Blüten Frau Müllers Strauß haben könnte. Da es einige Stängel von beiden Sorten gibt, sind es gewiss mindestens 2 weiße und mindestens 2 gelbe Lilien. Wären es 8 weiße Lilien und 2 gelbe, so hätte der Strauß 26 Blüten. Wären es 7 weiße Lilien und 3 gelbe, so wären es insgesamt 29 Blüten – das sind wegen $5 - 2 = 3$ also 3 Blüten mehr als 26. Wären es 6 weiße Lilien und 4 gelbe, so wären es wieder 3 Blüten mehr, also 32 Blüten. Mit dieser Überlegung finden wir, dass alle möglichen Blütenzahlen bei Division durch 3 den Rest 2 lassen. In Frage kommen 26, 29, 32, 35, 38, 41, 44. Die 37 ist nicht in dieser Liste zu finden, (**D**) ist die Lösung.

Ähnlich zu diesem Problem ist Aufgabe 10 in Klassenstufe 5/6.

 Wie groß ist p, wenn die Zahlen $p + 1$, $p + 5$ und $p + 15$ Primzahlen sind? Gibt es mehrere Möglichkeiten oder nur eine?

17. Auf unserer dreitägigen Radtour in den Niederlanden sind wir von Sluis an der Grenze zu Belgien bis Den Haag auf dem Europaradweg R1 geradelt. Die erste Nacht haben wir nach einem Drittel der Gesamtstrecke in Veere verbracht. Am zweiten Tag sind wir 75 km bis Brielle gefahren und am dritten Tag das letzte Viertel der Gesamtstrecke. Wie viele Kilometer waren wir insgesamt unterwegs?

(**A**) 150   (**B**) 160   (**C**) 165   (**D**) 175   (**E**) 180

Lösung: Die 75 km, die am zweiten Tag zurückgelegt wurden, sind $1 - \frac{1}{3} - \frac{1}{4} = \frac{12-4-3}{12} = \frac{5}{12}$ der Gesamtstrecke. Die Länge der Gesamtstrecke ist damit $75\,\text{km} : 5 \cdot 12 = 180\,\text{km}$.

18. In der Zeitung stand, dass bei dem starken Regen gestern 15 Liter Wasser pro Quadratmeter fielen. Um wie viel stieg dabei der Wasserspiegel im großen Schwimmbecken im Freibad?

(**A**) um 150 cm   (**B**) um 15 cm   (**C**) um 1,5 cm
(**D**) um 0,15 cm   (**E**) Das hängt von der Größe des Schwimmbeckens ab.

Lösung: Der Anstieg der Wasserhöhe ist relativ pro Quadratmeter, hängt also nicht von den genauen Maßen des Beckens ab. Da das Wasservolumen das Produkt aus dem Flächeninhalt der Grundfläche und der Wasserhöhe ist, ergibt sich der gesuchte Anstieg, wenn wir das Wasservolumen pro Quadratmeter durch den Inhalt eines Quadratmeters teilen. Da $1\,\ell = 1\,\text{dm}^3 = 1000\,\text{cm}^3$ sind, stieg der Wasserspiegel folglich um $15\,\ell : 1\,\text{m}^2 = 15000\,\text{cm}^3 : 10000\,\text{cm}^2 = 1{,}5\,\text{cm}$.

19. Eine Ecke eines Quadrats wurde auf den Mittelpunkt des Quadrats gefaltet. Der Flächeninhalt des dabei entstandenen unregelmäßigen Fünfecks und der Flächeninhalt des ursprünglichen Quadrats sind aufeinanderfolgende natürliche Zahlen. Welchen Flächeninhalt hat das Fünfeck?

(**A**) 7   (**B**) 15   (**C**) 25   (**D**) 31   (**E**) 49

Lösung: Das Quadrat kann wie abgebildet in 8 kongruente und damit flächengleiche Dreiecke zerlegt werden. Das Fünfeck besteht aus 7 dieser Dreiecke. Da sich die Flächeninhalte des Quadrats und des Fünfecks um genau 1 unterscheiden, hat jedes dieser Dreiecke den Flächeninhalt 1. Der Flächeninhalt des Fünfecks beträgt 7.

20. Zauberin Minerva wollte von ihren Schülern Albus, Severus, Phineas, Quirinus und Rubeus wissen, wie viele von ihnen fleißig die neuen Zaubersprüche auswendig gelernt haben. Die fünf gaben seltsamerweise jeder eine andere Antwort:
„Keiner."   „Genau einer."   „Genau zwei."   „Genau drei."   „Genau vier."
Belegt mit einem Wahrheitszauber sprachen nur genau diejenigen die Wahrheit, die wirklich fleißig waren – die anderen logen. Wie viele der fünf Schüler waren wirklich fleißig?

(**A**) keiner   (**B**) einer   (**C**) zwei   (**D**) drei   (**E**) vier

Lösung: Da die Anzahl der fleißigen Schüler eine feste Zahl ist, kann nur höchstens eine der Antworten wahr sein. Und da diejenigen Schüler, die die Wahrheit sprechen, genau die fleißigen Schüler sind, kann folglich höchstens ein Schüler fleißig gewesen sein. Wäre kein Schüler fleißig gewesen, so wären alle Aussagen gelogen, insbesondere die erste, die in diesem Fall jedoch der Wahrheit entspräche. Also war genau ein Schüler fleißig, und zwar derjenige, der „Genau einer." geantwortet hat.

Klassenstufen 7 und 8 31

21. In jedes der sieben Felder in der Figur soll eine Zahl so eingetragen werden, dass jede Zahl gleich der Summe aller Zahlen in den angrenzenden Feldern ist. Zwei Zahlen sind bereits eingetragen. Welche Zahl gehört in das mittlere Feld?

(**A**) −2 (**B**) 1 (**C**) −4 (**D**) 0 (**E**) 6

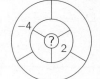

Lösung: An das Feld mit der 2 grenzt genau ein Feld mehr als an das Feld mit der −4, und zwar das mittlere Feld mit dem Fragezeichen. Da die Summe der an das Feld mit der 2 angrenzenden Felder um $2-(-4)=6$ größer ist als die Summe der an das Feld mit der −4 angrenzenden Felder, gehört in das mittlere Feld also die 6. Die einzige mögliche Eintragung ist rechts zu sehen.

22. Einst hatte ein Bäcker vom Müller mehrere Säcke Mehl geholt, ein jeder unterschiedlich schwer. Sein Geselle, der sich im Rechnen übte, fand, dass die beiden leichtesten Säcke 25 % der Gesamtmasse ausmachten. Die drei schwersten Säcke entsprachen 60 % der Gesamtmasse. Wie viele Säcke Mehl hatte der Bäcker vom Müller insgesamt geholt?

(**A**) 6 (**B**) 7 (**C**) 8 (**D**) 9 (**E**) 10

Lösung: Die Säcke, die nicht zu den beiden leichtesten und nicht zu den drei schwersten gehören, machen $100\,\% - 25\,\% - 60\,\% = 15\,\%$ der Gesamtmasse aus. Der leichteste aller Säcke macht sicher weniger als $25\,\% : 2 = 12{,}5\,\%$ der Gesamtmasse aus und der zweitleichteste sicher mehr als 12,5 %. Folglich machen auch alle anderen Säcke sicher mehr als 12,5 % der Gesamtmasse aus. Da bereits $2 \cdot 12{,}5\,\% = 25\,\% > 15\,\%$ ist, können die 15 % der Gesamtmasse, die nicht in den Rechnungen des Gesellen vorkommen, nur dem Gewicht eines einzelnen Sacks entsprechen, also dem Gewicht des drittleichtesten Sacks. Der viertleichteste gehört bereits zu den drei schweren Säcken. Also hat der Bäcker genau 6 Säcke Mehl geholt. Ihr genauer Anteil an der Gesamtmasse ist nicht eindeutig bestimmt, es könnten zum Beispiel 11 %, 14 %, 15 %, 16 %, 18 % und 26 % sein.

23. In einem englischen Mathebuch hat unsere Lehrerin eine Knobelaufgabe entdeckt und sie für uns übersetzt: „In $ODD + ODD = EVEN$ sind die Buchstaben O, D, E, V, N durch fünf verschiedene Ziffern zu ersetzen, sodass eine korrekte Gleichung entsteht." Wie viele Möglichkeiten gibt es dafür?

(**A**) 1 (**B**) 2 (**C**) 3 (**D**) 4 (**E**) 5

Lösung: Da die Summe zweier dreistelliger Zahlen ganz sicher kleiner als $1000 + 1000 = 2000$ ist, folgt $E = 1$. Da $D + D = 2D$ gerade ist, muss, da in der Summe an der Zehnerstelle eine 1 steht, an der Einerstelle ein Übertrag entstehen. Somit endet $2D$ auf 0, das heißt $D = 5$ und $N = 0$. Da $O \geq 5$ und $D = 5$ ist, kann O nur eine der Zahlen 6, 7, 8 oder 9 sein und V entsprechend 3, 5, 7 bzw. 9. Der zweite Fall ($O = 7$, $V = 5$) entfällt, da bereits $D = 5$ gilt, und ebenso entfällt der letzte Fall, da hier O und V nicht verschieden sind. Also gibt es zwei Möglichkeiten, das Kryptogramm zu lösen: $655 + 655 = 1310$ und $855 + 855 = 1710$.

 Welches ist die kleinste natürliche Zahl, die durch die Primzahl 13 teilbar ist und bei Division durch die Primzahlen 2, 3, 5 und 7 den Rest 1 lässt?

24. Bei einer Aufnahmeprüfung erreichten die Teilnehmer im Durchschnitt 18 Punkte. 60 % der Teilnehmer haben bestanden, die anderen sind durchgefallen. Diejenigen, die bestanden haben, erreichten im Durchschnitt 24 Punkte. Welche Durchschnittspunktzahl hatten diejenigen, die durchgefallen sind?

(**A**) 6 (**B**) 9 (**C**) 10 (**D**) 12 (**E**) 15

Lösung: Wenn wir die Anzahl aller Teilnehmer mit n bezeichnen, dann haben von diesen insgesamt $\frac{60}{100} \cdot n = 0{,}6 \cdot n$ Teilnehmer bestanden, $0{,}4 \cdot n$ Teilnehmer sind durchgefallen. Die Gesamtzahl aller vergebenen Punkte ist $18 \cdot n$, da die Teilnehmer im Durchschnitt 18 Punkte erreichten. An diejenigen, die bestanden haben, wurden insgesamt $24 \cdot 0{,}6 \cdot n$ Punkte vergeben, an diejenigen, die durchgefallen sind, insgesamt $18 \cdot n - 24 \cdot 0{,}6 \cdot n$ Punkte. Ihr Punktedurchschnitt betrug somit

$$\frac{18 \cdot n - 24 \cdot 0{,}6 \cdot n}{0{,}4 \cdot n} = \frac{18 \cdot n}{0{,}4 \cdot n} - \frac{24 \cdot 0{,}6 \cdot n}{0{,}4 \cdot n} = \frac{180}{4} - \frac{24 \cdot 6}{4} = 45 - 36 = 9.$$

25. Im Viereck $ABCD$ sind die Seiten $\overline{AB}$ und $\overline{CD}$ zueinander parallel. Die Seite $\overline{AD}$ ist genauso lang wie die Seite $\overline{CD}$, die Seite $\overline{AB}$ ist dreimal so lang wie die Seite $\overline{CD}$. Der Winkel ADC ist 120° groß. (*Abbildung nicht maßstabsgerecht*) Wie groß ist der Winkel CBA?

(**A**) 22,5° (**B**) 25° (**C**) 30° (**D**) 37,5° (**E**) 45°

Lösung: Auf der Seite $\overline{AB}$ seien P und Q diejenigen Punkte, für die $|\overline{AP}| = |\overline{PQ}| = |\overline{QB}| = \frac{1}{3}|\overline{AB}| = |\overline{CD}| = |\overline{AD}|$ gilt. Dann ist das Viereck $APCD$ ein Rhombus und, da $\angle CPA = \angle ADC = 120°$ ist, $\angle QPC = 180° - 120° = 60°$. Dreieck PQC ist gleichschenklig mit

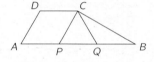

$|\overline{PQ}| = |\overline{PC}|$, seine Basiswinkel sind $\frac{1}{2}(180° - 60°) = 60°$ groß. Dreieck PQC ist also gleichseitig. Es ist $\angle BQC = 180° - 60° = 120°$, und wegen $|\overline{QC}| = |\overline{QB}|$ ist Dreieck QBC gleichschenklig. Der gesuchte Winkel CBA ist gleich dem Basiswinkel CBQ im gleichschenkligen Dreieck QBC und somit $\frac{1}{2}(180° - 120°) = 30°$ groß.

26. Adrian hat auf einer Geraden fünf Punkte markiert und alle Abstände zwischen je zwei beliebigen dieser Punkte gemessen. Die Zahlenwerte, die Adrian erhalten hat, sind in aufsteigender Reihenfolge: 2, 5, 6, 8, 9, k, 15, 17, 20 und 22. Für welche Zahl steht k?

(**A**) 10 (**B**) 11 (**C**) 12 (**D**) 13 (**E**) 14

Lösung: Die beiden äußeren der fünf markierten Punkte haben ganz sicher den größten Abstand, also 22. Gewiss ist der Abstand 2 ein Abstand zwischen zwei <u>benachbarten</u> der markierten Punkte und ebenso die Abstände 5 und 6, da es keine kleineren Abstände gibt, die sich zu 5 oder 6 addieren. Der vierte Abstand zwischen zwei benachbarten Punkten ist folglich $22 - 2 - 5 - 6 = 9$. Da $8 = 2 + 6$ die einzige mögliche Kombination der kleineren Zahlenwerte ist, sind die Strecken der Länge 2 und 6 benachbart. Der zweitgrößte Zahlenwert 20 kann als Abstand nur gemessen werden, wenn 2 der Abstand zwischen den beiden linken oder den beiden rechten der markierten Punkte ist. Dann sind die beiden Strecken der Längen 5 und 9 ganz sicher benachbart. Die Strecke, die sich aus diesen beiden zusammensetzt, hat die Länge $5 + 9 = 14$. Das muss die gesuchte Zahl sein.

Klassenstufen 7 und 8

Die korrekte Anordnung der Punkte mit den dazugehörigen Abständen zwischen benachbarten Punkten ist in dieser oder in umgekehrter Reihenfolge:

Die Abstände zwischen je zwei dieser Punkte sind wie gegeben bzw. berechnet: 2, 6, 9, 5, $2+6=8$, $6+9=15$, $9+5=14$, $2+6+9=17$, $6+9+5=20$ und $2+6+9+5=22$.

27. Ein Quadrat ist durch eine Diagonale und vier Strecken in Dreiecke zerlegt. Für einige dieser Dreiecke ist der Flächeninhalt angegeben. Der Flächeninhalt des Quadrats beträgt $30\,\text{cm}^2$. (*Abbildung nicht maßstabsgerecht*) Welcher der Diagonalenabschnitte ist am längsten?

    (**A**) a   (**B**) b   (**C**) c   (**D**) d   (**E**) e

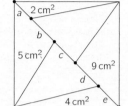

Lösung: Die eingezeichnete Diagonale zerlegt das Quadrat in zwei kongruente Dreiecke mit dem Flächeninhalt $30\,\text{cm}^2 : 2 = 15\,\text{cm}^2$. Zeichnen wir <u>alle</u> Verbindungsstrecken zwischen markierten Punkten und Quadratecken ein, so wird das Quadrat in 10 Dreiecke zerlegt, die je einen der Abschnitte *a*, *b*, *c*, *d* oder *e* als Grundseite und alle dieselbe zugehörige Höhe haben. Dreiecke mit derselben Grundseite sind dabei zueinander kongruent und haben denselben Flächeninhalt, sodass sich der Flächeninhalt aller 10 Dreiecke ermitteln lässt. Der Flächeninhalt der beiden Dreiecke mit Grundseite *c* ergibt sich dabei jeweils als Differenz zu $15\,\text{cm}^2$.

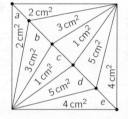

Weil alle 10 Dreiecke dieselbe Höhe haben, haben diejenigen mit dem größten Flächeninhalt auch die längste Grundseite. Also ist *d* am längsten.

28. An der Tafel stehen fünf natürliche Zahlen. Peter berechnet alle möglichen Summen von je zwei dieser Zahlen, erhält aber nur drei verschiedene Ergebnisse: 57, 70 und 83. Welches ist die größte Zahl an der Tafel?

    (**A**) 69   (**B**) 56   (**C**) 53   (**D**) 48   (**E**) 42

Lösung: Wir bezeichnen die fünf Zahlen mit a, b, c, d, e und betrachten die vier Summen $a+b$, $a+c$, $a+d$ und $a+e$. Da Peter nur <u>drei verschiedene</u> Ergebnisse erhalten hat, müssen zwei dieser vier Summen und somit mindestens zwei der fünf Zahlen an der Tafel gleich sein. Wählt Peter zwei gleiche Zahlen als Summanden, dann erhält er eine geradzahlige Summe, was nur die 70 sein kann. Also kommt die 35 unter den 5 Zahlen vor, und zwar mindestens zweimal. Da Peter Summen verschieden von 70 erhalten hat, ist sicher, dass nicht fünfmal die 35 an der Tafel steht. Dabei treten Zahlen, die ungleich 35 sind, nicht mehrfach auf, da es keine geradzahlige Summe außer 70 gibt. Wäre nur eine der Zahlen verschieden von 35, hätte Peter nur zwei verschiedene Summen erhalten. Also gibt es mindestens zwei von 35 verschiedene Zahlen x und y an der Tafel und es gilt $35 + x = 57$ und $35 + y = 83$ (oder umgekehrt). An der Tafel stehen also die Zahlen $57 - 35 = 22$ und $83 - 35 = 48$, ihre Summe $22 + 48 = 70$ ist eines von Peters Ergebnissen. Wäre die fünfte Zahl z größer als 48, so wäre $48 + z > 2 \cdot 48 = 96 > 83$. Also ist die größte Zahl an der Tafel 48.

Für die fünfte Zahl z kann nur $22 + z = 57$, $35 + z = 70$ und $48 + z = 83$ gelten, also $z = 35$. An der Tafel stehen die Zahlen 22, 35, 35, 35 und 48.

29. Aila will einen Drahtwürfel mit der Kantenlänge 10 cm bauen. Sie hat dafür biegsame Drähte der Längen 10 cm, 20 cm, 30 cm, 40 cm, 50 cm, 60 cm und 70 cm, von jeder Sorte ausreichend viele. Welches ist die kleinste Anzahl an Drähten, die Aila benötigt, wenn sich die Drähte nicht überlappen dürfen?

(**A**) 2 (**B**) 3 (**C**) 4 (**D**) 5 (**E**) 6

Lösung: Da der Würfel 12 Kanten hat, die Gesamt-Kantenlänge also 120 cm beträgt, liegt es nahe, zunächst mit zwei Drähten der Länge 50 cm und 70 cm oder 60 cm und 60 cm zu probieren. Wer das versucht, wird keine Lösung des Problems finden, aber vielleicht dabei bemerken, dass an jeder Ecke nur jeweils ein Draht „abknicken" kann, die dritte an diese Ecke grenzende Kante jedoch zu einem Draht<u>ende</u> gehören muss. Da es 8 Ecken gibt, kann es folglich nicht weniger als 8 Drahtenden, also ganz sicher nicht weniger als 4 Drähte geben. Dass sich der Würfel mit 4 Drähten tatsächlich bauen lässt, zeigen die beiden Beispiele. Die kleinste Anzahl an Drähten, die Aila benötigt, ist folglich 4.

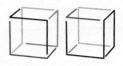

30. Gestern hat mir meine Freundin Ekin ihre 7-stellige Telefonnummer diktiert. Auf meinen Zettel habe ich jedoch nur 6 Ziffern geschrieben. Ich weiß nicht, welche Ziffer fehlt und auch nicht an welcher Stelle. Natürlich kann die Telefonnummer auch mit einer 0 beginnen. Wie viele 7-stellige Nummern kommen für Ekins Telefonnummer in Frage?

(**A**) 55 (**B**) 60 (**C**) 62 (**D**) 64 (**E**) 68

Lösung: Wir bezeichnen die aufgeschriebene Ziffernfolge mit $ABCDEF$. Es gibt 7 Stellen, an die die fehlende Ziffer gehören kann und, da es für jede Ziffer 10 Möglichkeiten gibt, lassen sich leicht $7 \cdot 10 = 70$ mögliche Nummern finden, von denen jedoch einige gleich sind. An der ersten Stelle kann jede der 10 möglichen Ziffern von 0 bis 9 fehlen. Das entspricht 10 verschiedenen Nummern. Für die zweite Stelle kommen zunächst ebenfalls 10 Ziffern in Frage. Allerdings haben wir die Nummer $AABCDEF$, die entsteht, wenn wir an die zweite Stelle die Ziffer A setzen, bereits erhalten, als wir an die erste Stelle die Ziffer A gesetzt haben. Wir erhalten also nur 9 weitere mögliche Nummern. Ebenso kommen für die dritte Stelle nur 9 Ziffern in Frage, denn die Nummer $ABBCDEF$, die entsteht, wenn wir an die dritte Stelle die Ziffer B setzen, haben wir bereits erhalten, als wir an die zweite Stelle die Ziffer B bzw., falls $A = B$ ist, an die erste Stelle die Ziffer B gesetzt haben. Analog finden wir für jede der anderen Stellen 9 mögliche Nummern, sodass insgesamt für Ekins Telefonnummer $10 + 6 \cdot 9 = 64$ Nummern in Frage kommen. Unter den zuerst gezählten 70 Nummern gibt es also nur 64 unterschiedliche Nummern.

 Die Lösungen der Extra-Knobeleien sind im Internet auf der Webseite des Känguru-Wettbewerbs unter www.mathe-kaenguru.de/chronik/broschueren zu finden.